두만강 하구 녹둔도 연구

2013년도
대한민국학술원 선정

우수학술도서

이 도서는 교육부의 지원으로
대한민국학술원에서 선정한
"2013년도 우수학술도서"임.

두만강 하구 녹둔도 연구

펴낸곳 서울대학교출판문화원
펴낸이 오연천
지은이 이기석, 이옥희, 최한성, 안재섭, 남영

초판 1쇄 발행 2012년 12월 31일
초판 3쇄 발행 2014년 3월 20일
출판등록 제15-3호

주소 서울 관악구 관악로 1 우편번호 151-742
대표전화 02-880-5252 **팩스** 02-889-0785
마케팅팀 02-889-4424, 02-880-7995
이메일 snubook@snu.ac.kr
홈페이지 www.snupress.com
영문홈페이지 eng.snupress.com

ISBN 978-89-521-1345-0 93450

본 연구는 한국학술진흥재단 2001-2003년도 협동과제(과제번호 2001-042-C00213)
〈두만강 하류지역의 자연생태와 토지이용연구-녹둔도를 중심으로-〉를 기초로 재집필한 것이다.

2013 대한민국학술원 우수학술도서

두만강 하구

녹둔도 연구

이기석, 이옥희, 최한성, 안재섭, 남영

서울대학교출판문화원

A Study of Nokdundo in the Lower Tuman River Area

Lee Ki-Suk, Lee Ock Hee, Choe Han Sung, Ahn Jae-Seob, and Nan Ying

Seoul National University Press

머리말

1990년대 초 두만강 개발계획이 널리 알려지고 중국 훈춘을 거쳐 방천까지 답사가 가능해지면서 두만강이 동해로 흘러드는 하구에 위치한 녹둔도에 대한 관심이 높아졌다. 우리에게 녹둔도는 조선시대 변방주민 삶의 근거지로 수시로 약탈하는 여진족을 물리친 이순신 장군의 승전지로 알려져 있다. 실제 역사적으로 수많은 고서와 고지도에서 녹둔도는 우리의 고유한 영역으로 기록되어 있다. 1937년 스탈린에 의해 녹둔도에 거주하던 조선인이 중앙아시아로 강제이주된 후 하산(Khasan)을 제외하고는 녹둔도 일대는 사람이 거의 살지 않아 지금은 늪과 사구, 잡초가 무성한 황무지로 변화하였다. 그러나 마른 갈대와 수많은 사구로 덮인 이 거친 땅에 지난 600여 년간 삶의 터전을 가꾸어 왔던 우리 선조의 자취가 지금도 생생히 남아 있다. 본 답사연구는 우리 역사 속에 삶의 터전이었던 녹둔도의 실체를 지리적으로 밝혀내는 작업의 일환으로 시작되었다.

이 책은 '두만강 하류 토지이용'에 대한 연구과제의 수행 결과를 기초로 만들어졌다. 1990년대 중반에 기획된 본 연구는 러시아 측의 도움 없이는 불가능하였다. 특히 연구의 핵심지역인 녹둔도 일대는 군사 통제구역이라 외부인이 출입할 수 없어, 녹둔도 답사를 위해 1995년 모스크바대학을 방문하여 도움을 청하였고 블라디보스토크를 기점으로 답사계획을 구체화하였다. 1996년 가을 첫 번째 답사를 가진 이후 10여 년에 걸쳐 여섯 차례 현장 조사를 실시하였다. 2006년 답사 결과를 기초로 일부 내용을 보완하여 일차적으로 연구를 마무리하였으나, 국경지역의 민감성과 그 외 여러 사정으로 이제야 출간하게 되었다.

이 지역에 관한 선행 연구가 많지 않아 현장 답사에 의존할 수밖에 없었을 뿐만 아니라 연구대상 지역이 러시아 국경 수비대가 관할하고 있어 체류시간과 답사범위 및 사진촬영이 제한되었으며 GPS 등의 장비도 사용할 수 없었다. 여러 가지 제약으로 본 연구는 두만강 하구에 있는 녹둔도 전 지역 중 접근이 가능한 지역에 지표자료 조사에 치중하였다. 앞으로는 녹둔도의 실체를 파악하기 위해서 발굴 분석이 뒷받침되어야 할 것이다.

이 연구 지역의 지리적 특성과 참가 연구진의 전문성을 고려하여 분담 집필하였음을 밝혀 둔다. 녹둔도의 역사지리 부분은 이옥희, 자연분야는 최한성, 취락 부분은 안재섭, 그리고 토지이용 부분과 기타 부분은 남영과 이기석이 나누어 집필하였다. 본 연구는 한국연구재단(전 학술진흥재단), 서울대학교 사범대학 지리교육과 등 여러 기관의 연구비와 지원이 뒷받침되었다. 지리교육과 대학원 과정에 있던 윤옥경, 한지은, 그리고 장은영 연구생의 도움이 있었고 특히 장은영 조교는 두 차례 답사에 참가하여 어려움을 함께했다. 그 밖에 문화일보 박선호, 김충남 기자가 각각 한 차례씩 현장 답사에 참여했고, 2002년 답사 시에는 블라디보스토크에서 개최된 동해명칭 국제세미나에 참가한 학자들이 함께 현장을 방문하였다. 2006년 마지막 답사는 교육방송(EBS) 특집프로그램 제작을 위해 이효종 피디와 함께 답사에 동행하였다.

그리고 연구 초기 여러 가지 도움을 주었으나 책의 출간을 보지 못하고 유명을 달리한 류충걸 교수, 장삼환 교수와 간지(S. Ganzey) 박사님께 이 자리를 빌려 깊은 애도를 드린다. 끝으로 이 책의 출간을 가능케 해 주신 서울대학교출판문화원 여러 분에게 특별히 감사드린다.

2012. 11

저자 일동

차례

그림과 표 차례

제1장
서론

본 연구는 두만강 하류지역의 자연 경관과 토지 이용에 관한 연구와 함께 이 지역에 실존했던 것으로 추정되는 우리의 옛 영토 녹둔도의 지리적 윤곽을 파악하는 데 목적을 두었다. 이 연구는 2001년 이래 2003년까지 한국학술진흥재단의 연구비 지원으로 완성한 것이다.

두만강 하류지역은 1990년대 초반 UNDP에서 제의한 두만강 개발계획(Tumen River Development Project)의 핵심 지역으로서 북한・러시아・중국 3국의 접경지대에 위치하고 있다. 최근 이 지역은 동해를 중심으로 한국, 몽골, 중국, 러시아, 북한, 일본을 포함하는 동북아시아의 새로운 개발 거점 지역으로 등장하면서 세간의 많은 관심이 집중된 바 있다. 본 연구는 두만강 하구의 전략적 위치로 과거 우리 조상들이 농보(農堡)를 설치하며 개발한 거주지였으나 현재는 러시아의 실효적 지배하에 있는 녹둔도에 대한 종합적인 지역 연구다.

역사적으로 볼 때, 이 지역은 지정학적 요충지로서 국경분쟁이 잦았다. 특히 조선조까지 함경도 경흥부에 속하는 변방의 전초 기지였던 녹둔도에는 상당한 면적의 경작지와 취락이 조성되어 있었다는 것을 조선왕조실록이나 지방지를 통해 알 수 있다. 또한, 대동여지도를 비롯한 수많은 고지도들은 녹둔도가 우리의 영토임을 입증하고 있다. 그러나 정확한 시기는 알 수 없으나 여러 차례에 걸친 두만강 하류의 지형변화로 인한 러시아로 연륙(連陸) 현상과 1860년 북경조약, 1861년 흥개호계약에 따라 녹둔도는 부당하게 러시아 영토로 귀속되었다. 녹둔도를 상실한 지 150여 년이 지났지만 역사적 · 지리적 측면이나 국제법상으로 우리의 영토라는 주장을 못하고 있다. 비록 현실적으로 당장 실효적인 조치를 취할 수는 없으나 통일 후 한 · 러 간 재론되어야 할 국경과 영토문제임을 감안해 볼 때, 녹둔도의 역사 · 지리적 사실과 이 지역의 기초적인 실상에 대한 현장연구는 영토회복 측면에서 중요한 의미가 있고 연구의 필요성 또한 절실하다.

또한 녹둔도를 포함한 두만강 하류지역은 접경지대라는 입지적 제약으로 지난 100여 년 간 개발이 거의 이루어지지 않아 자연 생태환경이 비교적 잘 보존되어 있다. 따라서 두만강 하류지역의 본격적인 개발에 앞서 이 지역 자연경관의 실태와 변화에 대한 체계적인 연구가 필요한 시점이다.

본 연구의 목적은 첫째, 두만강 하구 녹둔도에 관한 사료분석과 현지답사를 통해 녹둔도의 위치, 범위와 규모, 촌락 및 농경지의 분포 등 과거의 지리적 실체를 복원하는 데 있다. 둘째, 두만강 하류의 지형발달, 유로변경과 하천 및 해안지역의 변화, 피복식물의 생태적 양상을 분석하여 이 지역의 자연 특성을 파악하는 것이다. 셋째, 두만강 하류지역의 토지이용현황을 분석하고 이를 기초로 녹둔도의 개발 잠재력과 그 위상을 평가하였다.

본 연구에서는 두만강 하구 녹둔도의 실체를 파악하기 위하여 러시아의 하산(Khasan)을 기점으로 그 남쪽에 발달한 두만강 하류 범람원 지역을 연구대상으로 하였다. 그러나 이 지역의 대부분이 현재 국경 군사통제지역으로 묶여 있어 러시아 측의 협조 없이는 지역답사가 불가능하다. 따라서 모스크바 러시아 과학원과 극동지역 군부대의 도움으로 연구를 진행하였다. 본 연구팀은 2000년 10월 이래 모두 여섯 차례의 현장답사를 실시하였는데, 이는 1937년 스탈린의 정책으로 이 지역에 거주하던 한인들이 중앙아시아로 강제 이주된 이후 한국인으로는 본 연구팀이 처음으로 이 지역에 접근한 것이다. 또한, 본 연구는 녹둔도에 대한 최초의 현장답사 연구로서 녹둔도에 대한 지리적 현황 파악과 선조들의 옛 거주지를 중심으로 그들의 생활 활동무대를 복원하려고 노력하였다.

1. 연구 방법

본 연구를 수행함에 있어 역사적 문헌 자료의 분석과 고지도에 대한 검토는 현장답사와 함께 필수적이었다. 그러나 본 연구 대상 지역이 100km^2 내외의 협소한 변경지대라 우리나라뿐 아니라 인접국인 러시아나 중국으로부터 관련 자료를 구하기 어려웠다. 더욱이 러시아 국경지역이라 적절한 대축척 지도를 얻는 데 어려움이 컸다. 본 연구에 이용된 대축척 지도는 러시아 제작의 1/5만 지도, 중국 제작의 1/10만 지도, 북한 제작의 1/5만 지도, 그리고 한국군에서 제작한 1/5만 지도와 그 외에 1926년 일제가 제작한 1/5만 지도, 러시아에서 출간한 1/20만 연해주지방의 지도책을 이용하였다.

본 연구에서 현장답사는 자료를 취득할 수 있는 핵심 부분이었다. 그러나 연구지역이 러시아, 북한, 중국 3국이 국경을 맞대고 있는 접경지로 외부인의 출입이 엄격하게 통제되었으며, 현장답사 시 답사구역이나 출입 시간 외에 지도 및 GPS사용, 사진촬영 등 제한이 많아 자료 취득이 어려운 실정이었다.

현장답사는 총 6회에 걸쳐 실시되었는데 가능한 사계절 모두 답사를 계획하였으나 현장 사정상 장애 요소가 많았다. 우선 하계에는 초지와 갈대가 전 지역을 덮고 있어 접근이 어려웠으며, 곳곳에 습지와 구하도가 발달해 있어 넓은 지역을 탐사하기가 거의 불가능하였다. 이러한 이유로 동계기간을 택할 수밖에 없었다. 답사는 1차로 2000년 10월 추계현장조사, 2차로 2002년 2월 동계현장조사, 3차로 2002년 7월 하계현장조사, 4차로 2003년 2월 동계현장조사, 5차로 2004년 2월 동계현장조사 그리고 마지막으로 2006년 2월 등 총 6회에 걸쳐 이루어졌다(그림 1-1).

여섯 차례의 현장답사 중 네 번을 한겨울인 2월에 실시한 것은 이 지역이 오랫동안 방치되었던 관계로 접근로가 없으며 여름에는 강우로 인하여 곳곳에 습지가 발달하고 구하도에 물이 차서 소형 보트 없이는 답사가 불가능하기 때문이다. 그러나 겨울 기간에는 군부대에서 일부지역의 초지를 태워 갈대와 같은 피복 식물이 제거됨에 따라 시야를 넓힐 수 있을 뿐 아니

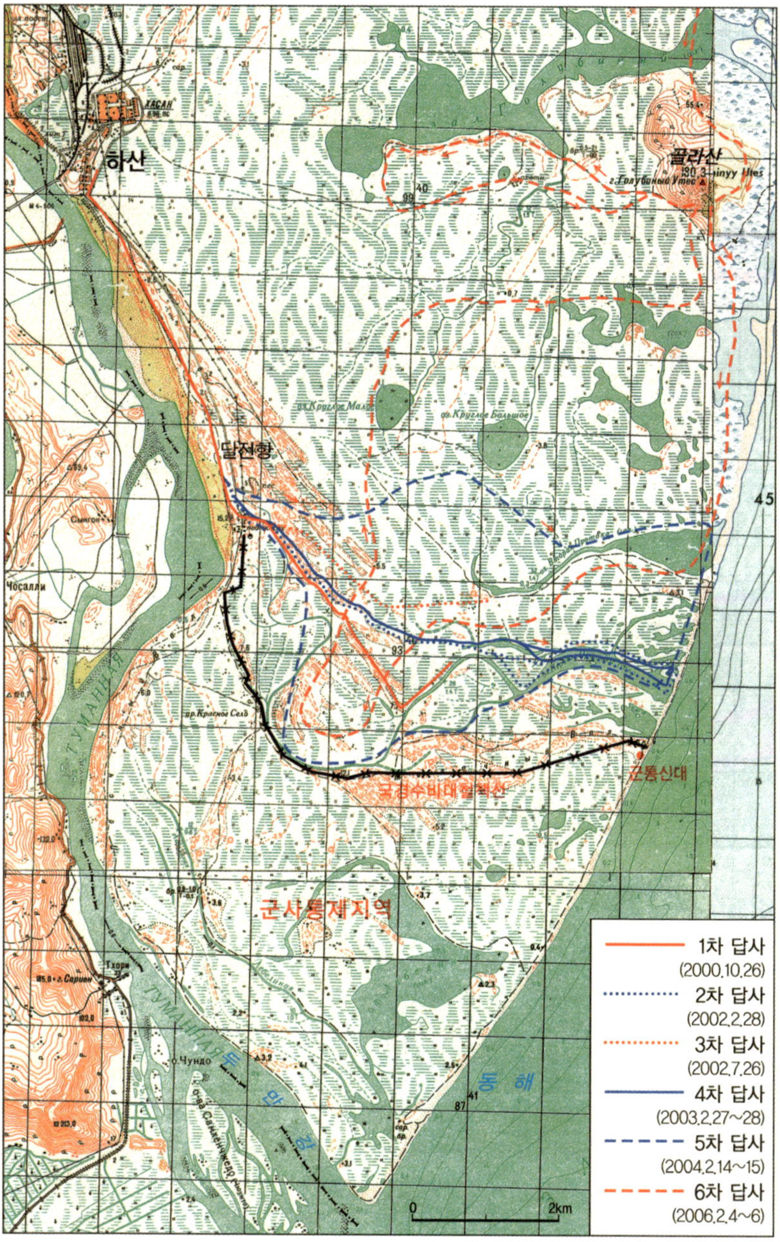

그림 1-1 녹둔도 답사 경로도

라 걸어서 연구지역으로의 접근이 가능하였다. 습지에 고인 물과 구하도의 강물이 얼어붙어 차량을 이용할 때 이 구하도들은 훌륭한 포장도로의 역할을 해 주었다.

현장답사에서는 녹둔도 개척 시 토축하였다는 토성과 둔전의 흔적 및 1930년대까지 이 지역에 정착하면서 농경을 하였던 한인들의 집단 취락지와 농경지의 자취를 확인하는 데 주력하였다.

고문헌 기록과 각종 지도, 그리고 현장답사의 부족한 점들은 이 지역 전체를 촬영한 위성사진을 이용한 원격탐사(Remote Sensing) 기법을 적극 활용하였다. 위성사진으로는 1991년 9월, 2000년 5월, 2001년 8월 랜드샛(Landsat) 7 ETM+(115/030)를 주로 사용하였으며, 최종분석을 위하여 퀵버드(Quick-bird, 2002-10-10, pan resolution 0.67 miters; multi-resolution 2.7 miters)를 이용하였다.

2. 녹둔도 가는 길

러시아의 연해주에 외국인 출입이 허용되기 시작한 것은 1995년 이후로, 이전에는 감히 녹둔도 답사 연구를 생각할 수도 없었다. 서울에서 녹둔도를 찾아가는 길은 생각보다 쉽지 않았다. 지도상에서 녹둔도까지의 실제 거리는 멀지 않지만 현재는 블라디보스토크를 거치지 않고 가는 길이 없기 때문에 서울에서 일주일에 두 번 운행되는 비행기를 이용해야 한다. 현재는 속초~자루비노 간 페리가 개통되어 통행길은 열려 있으나 자루비노에서 직접 러시아로의 입국이 제한되어 블라디보스토크를 경유해서 가야 한다. 서울에서 블라디보스토크에 도착한 후 최소한 하루는 호텔에 체류해야 하는 규정 때문에 도착 당일 현지로 떠날 수가 없는 어려운 점이 있었다.

블라디보스토크에서 녹둔도의 관문인 하산까지는 대략 290km인네, 하산까지 가는 방법은 자동차나 기차 등 육로를 이용하는 방법과 슬라비얀카까

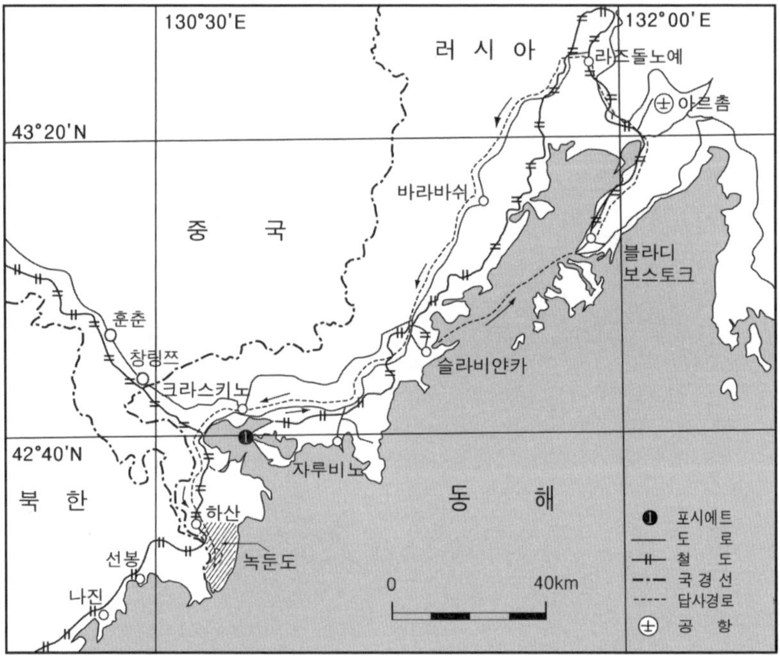

그림 1-2 녹둔도 가는 길

지 해로를 이용하여 가는 방법이 있다(그림 1-2). 기차의 경우는 1일 1회 야간에 운행되는데 속도가 느려 한 번도 이용하지 않았다. 지난 여섯 차례의 답사는 주로 자동차를 이용하였다. 먼저, 블라디보스토크를 출발하여 페터대제 만을 우회, 라즈돌노예(Razdolnoye)의 우수리 강을 건너 만의 동안을 따라 가다가 바라바쉬(Barabash)를 지나면 크라스키노(Kraskino)로 직행할 수 있다. 크라스키노에 이르기까지 3개의 해안 도시, 슬라비얀카(Slavyanka), 자루비노(Zarubino), 포시에트(Posyet)를 지나게 되는데 이들은 이 지역의 중요한 항구들이다. 포시에트는 국경수비대의 사령부가 있는 곳이기 때문이 이 지역의 출입허가를 받기 위해서 반드시 들려야 하는 곳이다.

크라스키노는 국경에 가장 근접하며 중국으로 가는 길목에 있는 도시로 중국 창링쯔 세관을 지나 훈춘으로 갈 수 있다. 2~3차 답사 시에는 숙소관계로 이곳에서 머물렀다. 블라디보스토크에서 이곳까지 도로는 대부분 비포장이며 일부 도로가 여러 해에 걸쳐 확장공사를 하고 있어 블라디보스토크에서 하산까지 이동하는 데 소요되는 시간을 예측하기가 어려웠다. 한편 블라디보스토크에서 시간 여유가 있으면 해로를 통해 슬라비얀카까지 갈 수 있다. 답사를 마치고 돌아올 때도 해로를 택하면 시간을 줄일 수 있으나 블라디보스토크로 돌아오는 배편이 이른 새벽에 있는 관계로 슬라비얀카에서 하루를 숙박해야 하는 불편함이 있다.

다음으로 크라스키노에서 하산까지는 또다시 비포장된 도로를 60km 이상 가야 한다. 마지막 세 번의 답사는 숙소를 하산으로 옮겼기 때문에 이전에 비해 녹둔도 답사에 많은 시간을 할애할 수 있었다. 하산에서 녹둔도를 찾아가는 길은 도로가 없어 나아갈 방향을 정한 후 사구를 지나 살펴보아야 하므로 황무지를 헤매는 듯한 기분으로 가야 한다. 그리고 현장까지 접근하기 위해서는 러시아 외무성, 수비대 사령부 및 현지 관할 부대장의 허가 등 몇 단계에 걸쳐 절차를 받아야만 갈 수 있다. 이처럼 녹둔도에 다가가는 길은 멀고 험하다.

3. 두만강과 녹둔도의 위치

두만강은 백두산 지구 무두봉에서(양강도 삼지연군) 발원하는 우리나라에서 두 번째로 긴 하천으로 중국, 러시아와 국경을 이루면서 동해로 유입한다. 두만강에는 소홍단수, 서두수, 연면수, 오룡천, 성천수, 해란강, 훈춘강을 비롯한 지류들이 합류한다. 두만강 상류와 중류는 산지를 흐르며, 경흥(은덕)을 지나 하류는 평지를 흐른다. 하천을 따라서 하안단구가 발달해 있고, 온성에서부터 강 하구 사이에는 퇴적작용으로 온성섬, 유다섬, 사회섬, 큰섬 등의 두만강 하중도(河中島)가 형성되어 있다. 또한 두만강이 동해로 들어가는 하구에는 하천과 바다의 작용으로 인하여 운반 물질이 퇴적되는 삼각주가 형성되어 있다(그림 1-3, 1-4).

출처: 1983년 제작된 1:25만 「웅기」 도폭의 일부임.

그림 1-3 두만강 하류와 녹둔도 지역

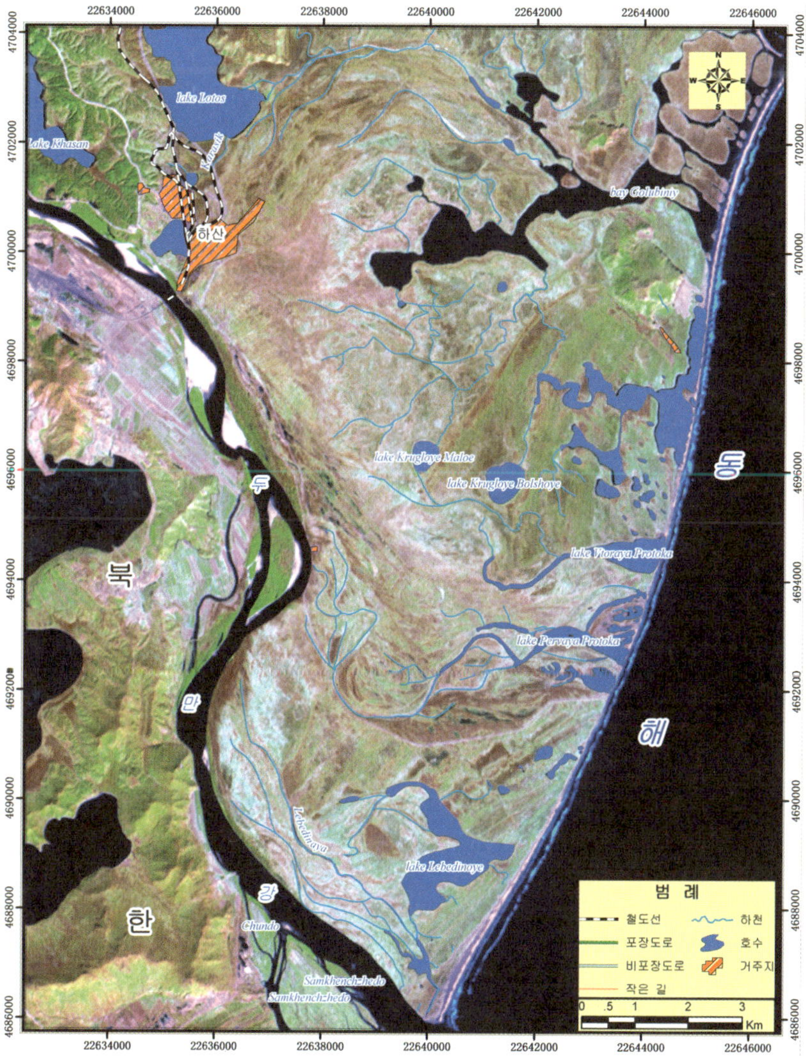

그림 1-4 두만강 하류 녹둔도 지역의 위성사진(2000년 5월 24일 Landsat TM)

두만강 하구에 형성된 삼각주는 두만강의 흐름을 기준으로 현재 우안은 함경북도 나선시(나진-선봉), 좌안은 러시아 연해주 하산[1] 지역에 해당한다.

1 하산(下山)의 러시아식 표기와 발음이 Xacan(Khasan)이 되었을 것으로 추정. 초기 Na-

녹둔도(鹿屯島), 녹도(鹿島), 혹은 간단히 사슴섬이라고 불리는 곳은 두만강이 동해로 유입하는 어구의 좌안 현재 러시아 연해주 하산의 남쪽 저지대를 지칭한다(그림 1-3과 1-4 참조). 그러나 역사지리적인 측면에서의 녹둔도의 정확한 위치와 범위에 대하여서는 다양한 견해가 제시되고 있다(제2장 참조).

---

gordnaya라는 표기도 병행하였는데, Na는 아래, 옆 등을 의미하고, gord는 산을 뜻함.

제2장

녹둔도의 역사적 배경[*]

1. 기록 속의 녹둔도

두만강 하구의 녹둔도는 영토상실 문제가 제기될 때마다 간도지방이나 압록강 하구의 신도(薪島)와 더불어 거론되는 지역이다. 그러나 지금은 두만강 하구에서 녹둔도를 찾기 어렵고 단지 사료 속에서만 그 실체를 확인할 수 있을 뿐이다. 그동안 녹둔도에 관한 연구는 영토문제에 관심을 가진 사학자・정치학자・국제법연구 학자들을 중심으로 주로 영토귀속과 관련된 문제를 다루어 왔다.[1] 본 연구는 지금까지의 논의를 바탕으로 녹둔도에 관한 각종 자료와 고기록을 수집, 재검토하여 역사적 측면에서 녹둔도의 실체

---

* 이옥희, 2004, 「두만강 하구 鹿屯島의 위치 批正에 관한 연구」, 『지리학』, 39(3), 대한지리학회 발표 내용을 발전시켰음.

1 金得榥, 2005, 『만주의 역사와 간도문제』, 서울: 남강기획출판사, 172-175쪽.
盧啓鉉, 2001, 『조선의 영토』, 증보판, 한국 방송통신대학교 출판부, 81-111쪽.
노영돈, 2005, 「녹둔도 노령화 과정과 그 현대적 음미」, 『白山學報』, 73, 285-333쪽.
박병용, 2005, 「연해주를 둘러싼 한국과 러시아 영토문제: 1650년에서 1900년까지」, 『북방사 논총』, 4, 고구려연구재단.
梁泰鎭, 1980, 「韓露國境線 上의 鹿屯島」, 『韓國學報』, 19, 157-174쪽.
______, 1981, 「韓露國境 形成의 背景과 鹿屯島 喪失」, 『白山學報』, 26, 147-177쪽.
______, 1999, 『近代韓國境論考』, 景仁文化社, 서울, 194-215쪽.
유영박, 1976, 「鹿屯島의 歸屬問題」, 『學術院論文集(人文・社會科學篇)』, 15, 121-144쪽.
______, 1977, 「鹿屯島의 연육과정과 국경분쟁의 미결유산」, 『진단학보』, 44, 26-30쪽.
______, 1985, 「對淸關係에서 본 鹿屯島의 歸屬問題」, 『領土問題硏究』, 2, 고려대학교 민족문화연구소, 13-29쪽.
이왕무, 2011, 「조선시대 鹿屯島의 역사와 영역 변화」, 『정신문화연구』, 34(1), 한국학중앙연구원, 119-241쪽.
정인섭, 2007, 「統一後 한러 국경의 획정」, 『서울국제법연구』, 14(1), 서울국제법학회, 55-99쪽.

를 밝혀 보고자 하였다.

지금까지 알려진 바로 녹둔도와 관련된 최초의 기록은 『세종실록지리지(世宗實錄地理志)』에서 볼 수 있다. 『세종실록지리지』의 함길도 경흥도호부 편에서 두만강을 설명하는 중에 "두만강은 공주(孔州)[2]를 거쳐 동쪽으로 흘러 23리에 이르면 사차마도(沙次亇島)에 도달하고 여기서 강물이 나누어져 5리쯤 흘러 바다로 들어간다"[3]라고 서술되어 있는데, 여기에서 사차마도는 녹둔도를 지칭한다. 조선 초기까지 녹둔도는 사차마(沙次亇), 사차(沙次), 사차마(沙次麻), 사차마(沙次磨), 사혈(沙汽), 사마혈(沙亇汽) 등으로 불리었다. 사차마라는 지명은 야인(野人) 여진이 살고 있던 두만강 연안 지방의 방언으로 사슴을 의미하는 사아삼(沙兒參)에서 비롯되었는데, 사아삼의 삼(參)이 같은 음인 삼(麻)으로 바뀐 것에서 유래한 것이다.[4] 이처럼 다양하게 불리던 명칭이 조선 초기 육진(六鎭)의 개척과 더불어 북부 변경지방을 정비할 때 녹둔도(鹿屯島) 또는 녹도(鹿島)[5]로 통일한 것으로 보인다. 따라서 『조선왕조실록』과 같은 중앙의 기록물이나 고지도에서는 녹둔도라는 명칭을 쓰고 있으나, 『동국여지승람(東國與地勝覽)』을 비롯한 각종 지리지(地理志)에서는 사차마, 사혈마, 사마혈 등 다양한 이름으로 불리고 있다.[6]

'녹둔도'라는 공식적인 표기는 『세종실록』 30년(1448) 기록에 처음 등장하였다. 의정부에서 병조(兵曹)의 첩정(牒呈)에 따라 병선(兵船)을 만드는 데 필요한 소나무를 관리하기 위해, 연해(沿海)지방 각 주현(州縣)의 섬과 곶(串) 중에서 소나무가 잘 되는 땅을 방문하여 장부에 기록하였는데, 경흥부에서

---

2 함경북도 경흥의 옛 지명.

3 『世宗實錄地理志』 咸吉道 慶源都護府 曰豆滿江 … 歷孔州 東流二十三里 沙次亇島 分流五里許入海 ….

4 丁若鏞, 1814, 『大同水經』, 북한과학원 고전연구소 역, 여강출판사, 193쪽.

5 鹿島 또는 鹿屯島라는 지명의 유래는 분명치 않으나 여진 말로 사슴이라는 뜻을 가진 沙兒蔘이 조선 초 지명이 한자로 바뀔 때 사슴 '鹿'으로 바뀐 것으로 보인다. 『효종실록』에 두만강을 건너온 노루가 수없이 많아 회령과 종성의 거주민들이 손으로 때려잡아 먹었다는 기록으로 미루어 볼 때 鹿屯島에 노루가 많아 붙여진 지명이라 짐작된다. 실제 2002년 8월 鹿屯島 현장답사에서 노루 떼를 볼 수 있었으며 러시아 사냥꾼을 만났다.

6 『輿地圖書』에는 沙次麻로, 『北關誌』, 『동국여지도』에는 沙次磨島로, 경흥도호부 邑誌들에서는 沙汽麻로 표기되고 있다.

소나무가 잘 자라는 장소로서 두이산(豆伊山)[7]과 녹둔도 두 곳이 기재되어 있다.[8] 이는 녹둔도가 조선 초기에 이미 조선의 영역으로서 관리되고 있었음을 입증하는 중요한 대목이다.

이후 녹둔도와 관련된 여러 가지 사실들은 세조・성종・중종・선조・영조・정조・철종・고종 연간의 왕조실록과 『승정원일기』 등에 자주 등장하며, 각종 지리지나 향토지뿐 아니라 조선조에 제작된 대부분의 고지도에 수록되어 있다. 그 외에 청(淸)이 제작한 지도와 기록,[9] 일제 침략기에 일본인이 쓴 문헌이나 기록에도 나타난다. 이들 고문헌과 고지도 및 각종 기록들은 녹둔도의 실체, 즉 지리적 위치, 기능과 역할뿐만 아니라 당시 두만강 하구의 지리적 상황을 파악할 수 있는 자료이다. 또한 이를 통해 조선조 변방의 주요 섬이며 방어기지로 관리되어 오던 녹둔도의 위상과 19세기 말 부당하게 러시아로 편입된 과정을 밝힐 수 있다.

1) 녹둔도의 실체와 위치

녹둔도의 존재는 『조선왕조실록』, 『승정원일기(承政院日記)』, 『비변사등록(備邊司謄錄)』 등 연대기(年代記) 외에 각종 지리지[10]와 고지도에서 확인된다.

조선조의 지도는 지리정보를 담고 있을 뿐 아니라 강역(疆域)에 대해 묘사하고 있어 영토의 범위나 주변국과의 관계를 파악할 수 있는 수단이기도 하다. 따라서 모든 지도에 녹둔도가 빠짐없이 모습을 드러내고 있다는 것은 두만강 하구의 보잘것없는 모래땅이 변경의 주요 방어기지였다는 사실과 함께 조선은

---

7 나선특별시 선봉구역 부포리에 있는 豆里峰(높이 179m)으로 추정됨.

8 『세종실록』 권121, 세종 30年 8月 27日條
兵船, 國家禦寇之器, 造船松木, 使不得私自斫伐, 已曾立法, 無識之徒, 潛相斫伐, 或造私船, 或爲屋材, 松木殆盡, 實爲可慮. 今以沿海州縣諸島各串宜松之地, 訪問置簿.
京畿 南陽府 仙甘彌(中略)
慶興府 豆伊山, 鹿屯島(中略)
上項州縣島串, 前此有松木之處, 則嚴禁樵採, 無木之處, 令其道監司差官栽植, 使旁近守令萬戶監掌培養, 以待有用.

9 청이 1770년대 발간한 『고금도서집성』에는 녹둔도가 西沙河島로 표기되어 있음.

10 『東國輿地志』(1670년경), 『輿地圖書』(1750년경), 『關北志』(1859년경), 『大同地誌』(김정호 편찬, 기록 하한은 1863년으로 추정), 『慶興府邑誌』(편자 편년 미상), 『關北邑誌』(1872) 등.

초기부터 국경방어와 북방 개척사업을 활발히 추진해 왔다는 것을 증명한다.

표 2-1은 녹둔도가 나타나 있는 조선조의 주요 지도들을 정리한 것이다.

표 2-1 고지도상의 녹둔도

지도명(도판명)	소장처	지도유형	제작(추정)연대	녹둔도의 묘사	'부기 내용' 및 특기사항
東覽圖(咸鏡道)	규장각	도별도	1531년	海島	동국여지승람의 부도
天下輿地圖	프랑스 국립 도서관	동아시아도	17세기 전기	해도	
朝鮮八道古今總覽圖	숭실대기독교 박물관	조선전도	1673년	해도	金壽弘 제작
東輿備攷	양산 대성암	복합군현도	1682년(숙종 38)	하구의 작은 퇴적지	'五十七 농보'
遼薊關防地圖	규장각	관방도	정계 이전인 1706년 상황	해도	녹둔도 표기 없음, 李頤命 제작
寧古塔總覽圖	국립중앙도서관	관방도	1741년 제작, 1712년 이전 상황	하구 퇴적지, 주변의 섬과 다르게 표현	함경도 북병영에서 제작한 만주 일대 지도
關北地圖	국립중앙도서관	관방도	숙종대 말	하구 퇴적지	현지 작성으로 추정
天下地圖 朝鮮總圖	규장각	도별도	1720~1721년의 상황 반영	해도	현지 작성으로 추정
關北地圖	규장각	관방도	1730~1732년 결책	하구 퇴적지	중앙 화원이 제작한 것으로 추정
輿地圖(咸鏡道)	국립중앙도서관	도별도	1736~1767년	해도	
輿地圖(慶興府)	국립중앙도서관	군현도	1736~1767년	하구 퇴적지	녹둔도를 과장되게 표현
海東地圖(大東惣圖)	규장각	조선전도	1750년대 초	해도	
海東地圖(咸鏡道)	규장각	도별도	1750년대 초	삼각주, 주변의 섬과 다르게 묘사	삼각주의 모양이 다름
海東地圖(慶興府)	규장각	군현도	1750년대 초		
八道地圖(咸鏡北道)	국립중앙도서관	도별도	18세기 전반	삼각주	
海東地圖(朝鮮女眞兩國境界圖)	규장각	관방도	18세기 전반	하구에 8개의 작은 퇴적지	녹둔도 표기 없음, 조선과 청 사이 국경지대
西北彼我兩界萬里一覽之圖	규장각	관방도	1724~1776년	삼각주	조선후기 대표적인 관방지도
備邊司地圖(慶興府)	규장각	군현도	1754년	삼각주	

지도명(도판명)	소장처	지도유형	제작(추정)연대	녹둔도의 묘사	'부기 내용' 및 특기사항
輿地圖書(慶興府地圖)	규장각	지리지, 군현도	1759년	육지화	'鹿屯島今屬彼邊'
北關地圖	규장각	관방도	18세기 후기	삼각주	함경도의 봉수연결 표시
海東輿地圖	국립중앙도서관	군현도	1800~1804년	삼각주	20리 방안식 지도
廣輿圖(慶興府)	규장각	군현도	19세기 초	삼각주	18세기 전반기 사정을 표현 해동지도와 유사
朝鮮地圖(慶興)	국립중앙도서관	군현도	1833년	삼각주	
東輿圖	서울역사박물관	조선전도	1859년 이전	해도	'農堡, 古屯田 土城'
大東輿地圖	규장각	조선전도	1861년	해도	대축척 조선전도
北界地圖	규장각	관방도	19세기 후반	삼각주	함경도 감영이나 병영에서 제작된 것으로 추정.
北關地圖	규장각	관방도	19세기 후반	작은 삼각주	
關北邑誌(慶興都護府)	규장각	군현도	1872년(고종 9)	두만강 좌안에 육지화	녹둔도 내부에 산을 그림
地方地圖(慶興地圖)	규장각	군현도	1872년	육지화	조선 후기의 대표적 지방지도, 낱장 형태로 제작된 대형지도
俄境地圖	영남대학교 박물관	관방도	19세기 후반	육지화	'鹿屯島坪, 上所, 中所' 표시
俄國輿地圖(鹿屯島圖)	한국학중앙연구원장서각	관방도	1870년대	육지화	'鹿屯島村我民所居有防戍俄兵' 등

참고자료: 「고서와 고지도로 보는 북한」, 1991년 규장각 자료 전시회, 서울대학교 중앙도서관.
『한국의 옛지도』, 1998, 영남대학교 박물관.
『동여비고』, 1998, 경북대학교 박물관.
이찬 기증 『우리 옛지도』, 2006, 서울역사박물관.
『해동여지도』 2, 2006, 국립중앙도서관.
『장서각 도서 한국본 해제집: 지도류』, 2006, 한국학중앙연구원장서각.
이찬 편저, 1991, 『한국의 고지도』, 범우사.
한국 고지도집 편찬위원회, 2012, 『국토의 표상』, 동북아역사재단.
국사편찬위원회, 한국 고지도 목록 DB.
국립중앙도서관, 한국 고지도 DB.
서울대학교 규장각한국학연구원, 한국 고지도 DB.

조선조의 지도는 제작 목적에 따라 전도(全圖), 도별도(道別圖), 군현도(郡縣圖), 관방도(關防圖) 등으로 구분할 수 있는데, 녹둔도는 육진 개척 이후 행정적으로 함경도 경흥부 조산보(造山堡)에 속하였으므로 '함경도' 도판과 '경흥부' 도판 그리고 관방도에 나타나 있다.

조선조 대부분의 지도에는 녹둔도가 등장하나 그에 대한 묘사는 매우 다양하다. 지도에 따라 하구에서 멀리 떨어진 해도(海島), 입해처(入海處)에 놓인 하중도(河中島), 하구에 형성된 퇴적지 또는 삼각주 등 여러 가지 모습을 보인다. 더욱이 하나의 지도첩 내에서 도별도인 '함경도' 도판에는 해도로, 군현도인 '경흥부' 도판에는 하구 퇴적지나 삼각주로 각기 다르게 표현되기도 한다. 이는 당시 과학적 실측이 불가능하여 위치나 규모를 객관화할 수 없었고, 실제로 많은 고지도들이 현장에 대한 확인 없이 만들어졌거나 앞서 제작된 지도들을 검토하지 않은 채 그대로 모사(模寫)하였기 때문이다. 고지도가 갖는 부정확성 때문에 지도상에 나타난 내용만으로 당시 녹둔도를 제대로 파악하는 데 한계가 있으나, 자료들의 비교 분석을 통해 보다 실체에 근접한 녹둔도의 모습을 추정해 볼 수는 있을 것이다.

녹둔도는 조선 초기부터 두만강 하구 부근에서 분명한 실체를 드러내고 있다. 지금까지 확인된 바 녹둔도가 나타나 있는 최초의 고지도는 16세기 후반에 만들어진 「동람도(東覽圖)」이다. 『동국여지승람(東國輿地勝覽)』의 부도(附圖) 형태인 「동람도」의 '함경도' 도판(그림 2-1)에는 녹둔도가 두만강 하구에서 멀리 떨어진 동해상의 섬으로 그려져 있다. 대체적으로 17세기 이전에 제작된 초기 지도와 「여지도(輿地圖)」, 「천하지도(天下地圖)」, 「지도(地圖)」 등의 제호가 붙은 지도책의 전도나 함경도 지도들은 훨씬 후대에 제작되었음에도 동람도의 내용을 그대로 따라 녹둔도를 해도로 표현하고 있다.[11] 이처럼 전국도(全國圖) 차원에서 제작된 지도에서는 녹둔도가 동해상의 섬으로 그려져 있는데, 특히 이들 중 조선조의 대표적인 지도인 『대동여

11 조선전도나 도별도는 대부분 조선 전기 지도에 나타난 형태가 유지되었는데, 특히 도별도의 경우 조선 전기 동람도 계열 지도의 내용을 따르고 있음(동북아역사재단, 2012, 『국토의 표상』, 394쪽 참조).

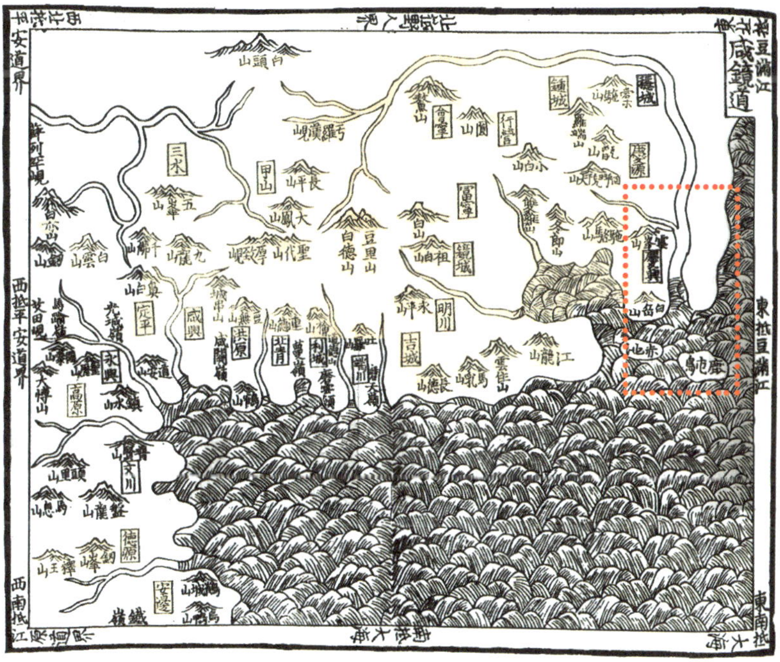

녹둔도가 두만강 하구에서 멀리 떨어진 해도로 그려져 있음.

그림 2-1 「동람도」의 함경도 지도(16세기 후반)

지도』에서 녹둔도를 해도로 묘사함에 따라(그림 2-2) 훗날 녹둔도를 이해하는 데 혼란을 초래한 것으로 짐작된다.[12]

반면, 북방의 경계지대를 그린 관방도나 지방통치를 위해 만든 군현도처럼 보다 상세하고 정밀한 지역정보를 담아야 하는 대축척지도에서는 전국도와 달리 녹둔도가 두만강 하구에 형성된 삼각주 모양의 섬 또는 퇴적지로 비교적 상세하게 묘사되어 있다. 18세기 들어 상업경제의 발달로 지도의 수요가 크게 늘면서 지방 군현도가 광범하게 제작 보급되었는데, 이들은 주로 비변사와 홍문관에서 지지서와 함께 각 군현에서 만든 지도들을 수합, 재편

12 『대동여지도』는 1861년 김정호가 이전의 모든 지도를 집대성하여 만든 조선조 최고의 지도로 정확도가 가장 높은 지도로 평가되고 있으나 해안선을 단순화하여 그린 이 지도의 특성상 녹둔도가 해도로 잘못 묘사된 것으로 보인다.

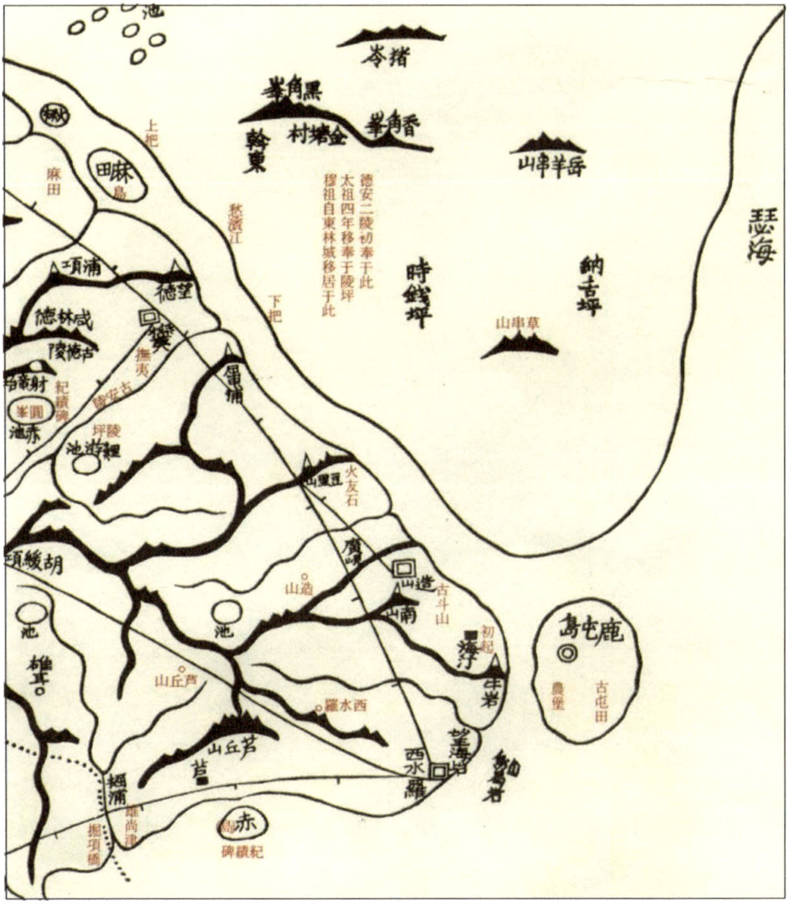

두만강 하구 부근의 해도로 그려져 있으며, 둔전과 농보가 표시되어 있음.

그림 2-2 『대동여지도』(1861)의 부분도

집하여 만들어졌다.

비변사에서 제작한 지방 군현지도는 군현들의 방위나 축척은 일치하지 않지만 내용이 매우 자세한 것으로 알려져 있는데 <그림 2-3>은 1754년 제작된 비변사지도의 경흥부 도판으로, 종전의 지도들에 비해 녹둔도가 두만강 하구의 퇴적 삼각주로 비교적 상세하게 묘사되어 있다. 또 1750년대 홍문

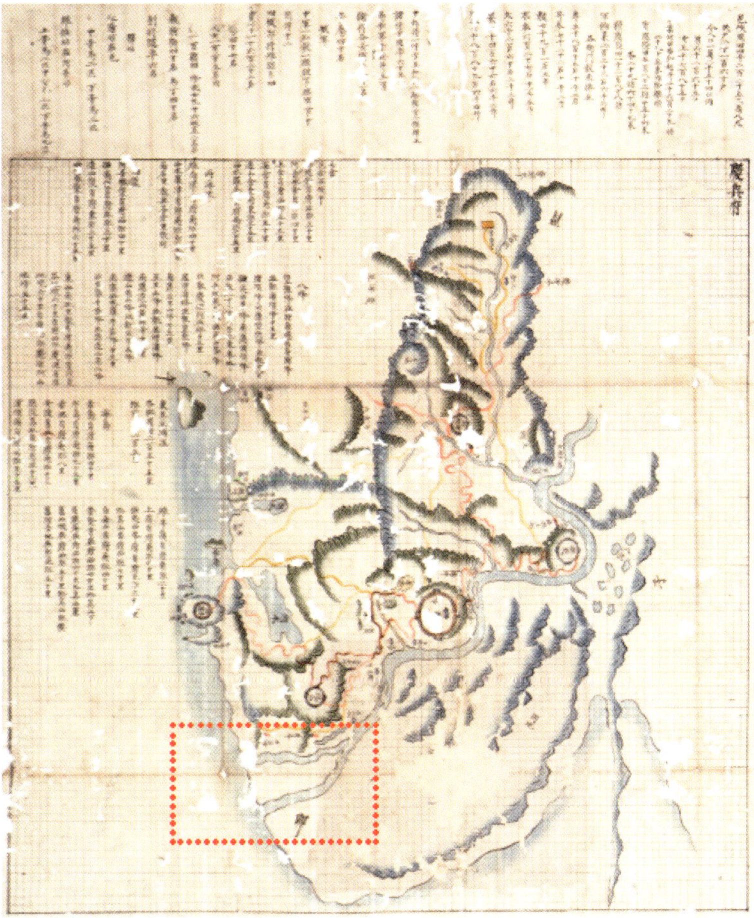

녹둔도가 지명 표기 없이 두만강 하구의 삼각주로 묘사됨.
출처: 서울대학교 규장각한국학연구원 소장.

그림 2–3『비변사지도(備邊司地圖)』 경흥부(慶興府)(1754)

관에서 제작한『해동지도(海東地圖)』는 그림과 지리지가 합쳐진 대표적인 군현지도집으로 이 지도집의 '경흥부' 도판(그림 2-4)과 '함경도' 도판에는 녹둔도가 다소 차이가 있지만 유사한 삼각형의 퇴적지로 묘사되어 있다. 더욱이 양쪽 지도 모두 녹둔도를 주변의 섬과는 다르게 표현함으로써 녹둔도가 섬이 아닌 하천 퇴적지라는 것을 분명히 나타내고 있다. 그리고 18세기 후

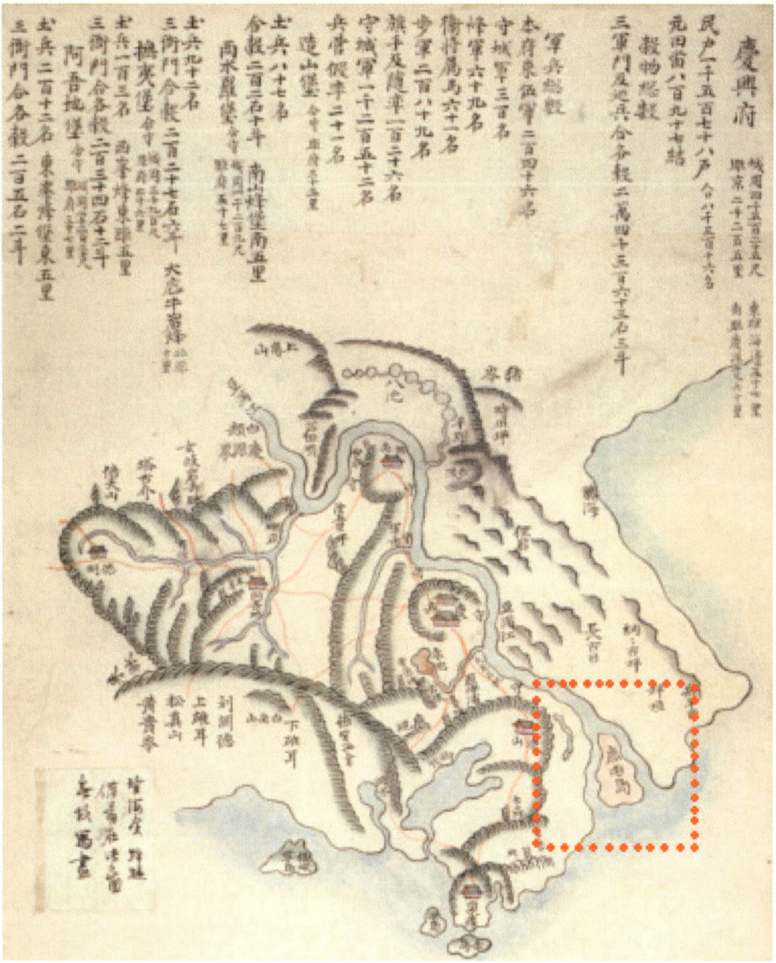

연안의 섬들에는 푸른색의 봉우리가 그려져 있으나 녹둔도는 채색만 되어 있다.
출처: 서울대학교 규장각한국학연구원 소장.

그림 2-4『해동지도(海東地圖)』경흥부(1750년대 초)

반에 들어 종전의 회화식 지도에서 나아가 정확도가 높은 20리 방안식 지도가 등장하였는데, 19세기 초(1800~1804)에 제작된 조선 후기 대표적인 군현지도집인『해동여지도(海東輿地圖)』의 경흥도판에 나타난 녹둔도 역시 하구 삼각주로 표현되어 있다. <표 2-1>에서 볼 수 있듯이 그 외 여러 군현지도집의 '경흥부' 도판에서도 녹둔도가 하구의 퇴적지 내지는 삼각형 모양의 섬으로 묘사된 것을 확인할 수 있다.

한편, 관방도를 보면 백두산 정계(白頭山 定界) 직전인 1706년 사신으로 북경에 갔던 이이명(李頤命)이 변방의 중요성을 인식하여 변방방어의 필요성을 강구하기 위해 중국지도를 참고하여 만든 「요계관방지도(遼薊關防地圖)」에서는 녹둔도가 해도로 나타나 있다. 그러나 정계와 더불어 북방영토에 대한 관심과 중요성이 높아지면서 국경지역에 대한 보다 정확하고 구체적인 정보를 담은 지도들이 제작되었다. 백두산정계비를 세운 후에도 청나라와 국경문제로 인한 대립과 갈등이 계속되자 국경방어를 위해 만주 일대를 그린 「영고탑총람도(寧古塔總覽圖)」(그림 2-5)와 영조 대에 책문이설(柵門移設) 문제에 참고할 목적으로 제작한 「서북피아양계만리일람지도(西北彼我兩界萬里一覽之圖)」(그림 2-6)는 조선 후기의 대표적인 관방지도로 평가되는데, 두 지도에서는 녹둔도를 두만강 하구에 형성된 삼각형의 퇴적지로 그리고 있다. 이외에도 조선 후기 함경도 지역의 봉수(烽燧) 연결체계나 도로 사정을 밝힌 북관지도(北關地圖)나 북계지도(北界地圖) 등 대부분의 관방지도들에서도 녹둔도를 두만강 하구의 삼각주(또는 삼각형 모양의 섬)로 묘사하였다. 이들 중 특히 「영고탑총람도」에서는 녹둔도를 주변 섬과 다르게 묘사한 것으로 보아 숙종 조에 이미 녹둔도를 섬이 아닌 하천 퇴적지로 인식한 것으로 보인다.

관방도나 군현도들은 일차적으로 각 고을이나 감영의 화원(畵員)들이 제작하였는데 현장조사에 기초하여 작업이 이루어졌으므로 정확도가 매우 높았을 것이다. 따라서 연륙화(連陸化)되기 이전의 녹둔도는 일부 고지도에서 표현된 것 같은 해도가 아니라 하구 퇴적지형인 삼각주였을 가능성이 크다.

녹둔도의 실체를 밝히기 위해서는 무엇보다도 녹둔도의 지형특색을 이해하는 것이 우선되어야 할 것이다. 고지도를 통해 확인할 수 있는 또 다른 사실은 녹둔도의 형태와 크기가 두만강의 활발한 퇴적작용으로 계속 확대 변화하여 마침내 두만강 좌안에 연륙되었다는 점이다. 이러한 양상이 처음으로 나타난 고지도는 1754년에 편찬된 『여지도서(輿地圖書)』에 첨부된

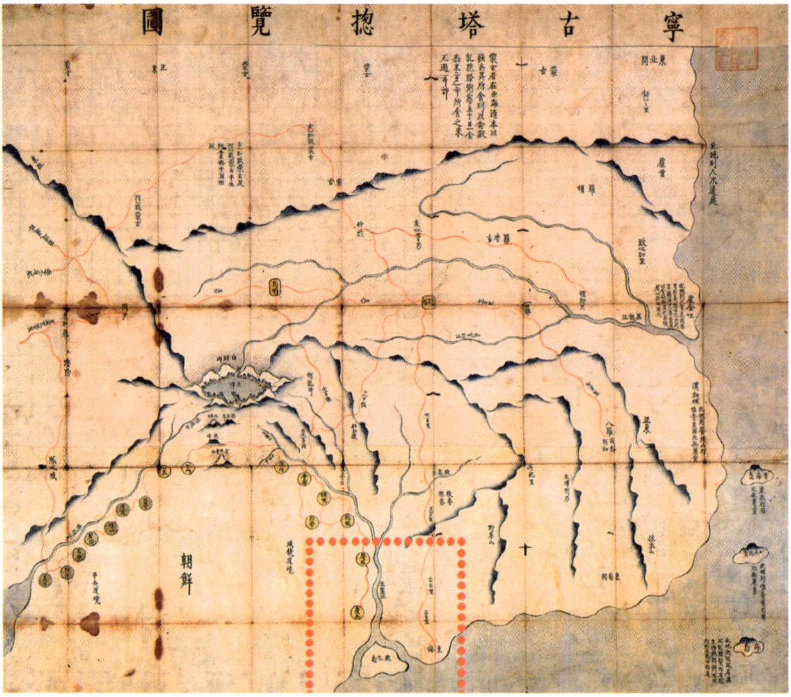

출처: 국립중앙도서관 소장.

그림 2-5 「영고탑총람도(寧古塔總覽圖)」의 백두산과 두만강 하류 부분도

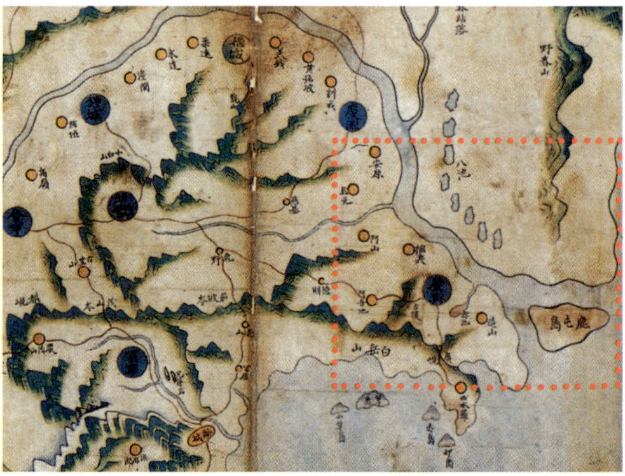

출처: 서울대학교 규장각한국학연구원 소장.

그림 2-6 「서북피아양계만리일람지도(西北彼我兩界萬里一覽之圖)」의 두만강 유역 부분도

「경흥부지도」이다(그림 2-7). 이 지도에 부기된 '녹둔도금속피변(鹿屯島今屬彼邊)'은 녹둔도가 건너편 두만강 좌안지역에 속한다는 의미로 해석할 수 있다. 따라서 18세기 중반경 녹둔도와 연해주 사이 물길에는 이미 상당한 양의 토사가 퇴적되어 있었던 것으로 추측된다. 이는 19세기 이후에 제작된 대부분의 군현지도에서 녹둔도를 두만강 좌안에 속하게 그린 것을 통해서도 확인할 수 있다. 그리고 1872년에 제작된 「지방 군현지도」는 2차례의 양요(洋擾)를 겪은 대원군이 외세에 대한 대응책을 모색하면서 전국적인 읍지 편찬과 함께 제작을 지시한 조선 후기의 대표적인 지방군현도이다. 각 군현을 낱장

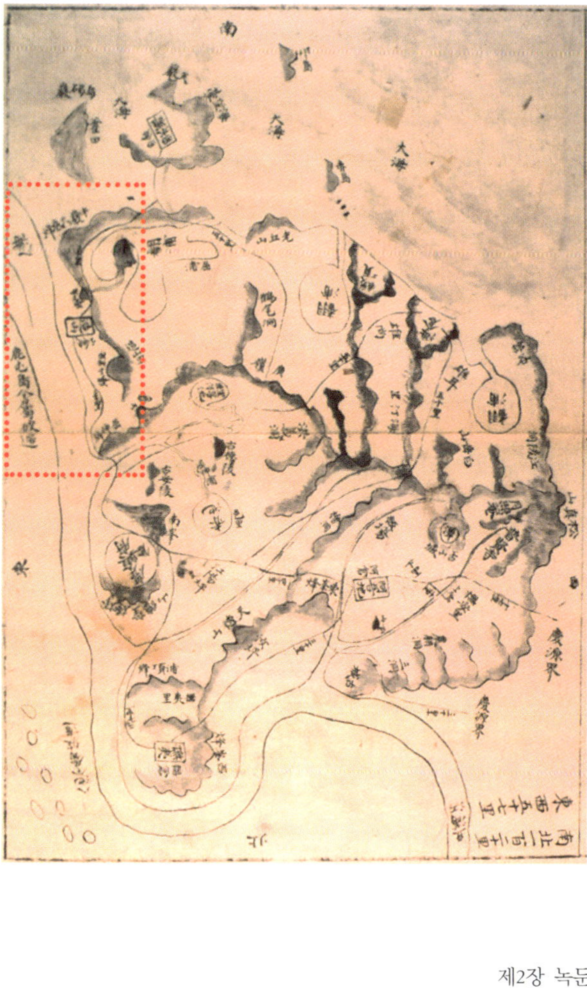

지도상에서는 두만강이 위쪽으로 흐르며, 그 좌안이 녹둔도 지역으로 러시아에 연육된 상태임.

그림 2-7 『어지도시(輿地圖書)』의 「경흥부지도(慶興府地圖)」

두만강 좌안 육지부 내에 녹둔도를 독립적으로 묘사함.
출처: 서울대학교 규장각한국학연구원 소장.

그림 2-8 『지방지도(地方地圖)』의 「경흥지도(慶興地圖)」(1872)

형태로 제작한 대형지도로 내용이 상세하고 풍부한 정보를 담고 있는 것으로 평가되는 이 지도첩의 '경흥지도'에도 녹둔도는 완전히 육지화되어 연해주에 속해 있다(그림 2-8).

녹둔도의 육지화는 지방지도뿐 아니라 관방도에서도 나타난다. 1860년 북경조약 체결 이후 러시아 관할로 넘어간 연해주 지역을 그린 『아경지도(俄境地圖)』[13]에서 녹둔도는 러시아에 속한 것으로 그려졌으며 녹둔도평(鹿屯島坪)이라는 지명과 함께 도로와 취락이름이 쓰여 있다(그림 2-9). 물론 고지도의 분석만으로 하구 퇴적지였던 녹둔도가 대안지역으로 연륙, 육지화된 과정을 상세히 밝히기는 어렵다. 그러나 고자료의 분석을 통해 오랜 시간 두만강 토사의 퇴적으로 녹둔도 주변을 흐르는 하도의 한 부분이 막혀

13 두만강 하구지역을 대륙침략의 전진기지로 여기던 일본이 러일 전쟁 이전에 그린 것으로 추정(한국 고지도집 편찬위원회, 2012, 『국토의 표상』, 동북아역사재단, 477쪽 참고).

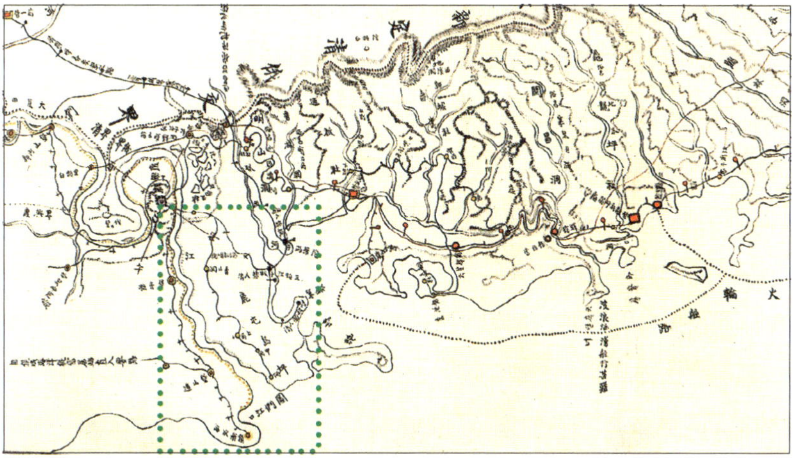

출처: 영남대학교박물관 소장.

그림 2-9 『아경지도(俄境地圖)』(19세기 후반)의 부분도

결과적으로 녹둔도가 육지화되었음을 추정할 수 있다.

고지도에 비해 고문서에서는 녹둔도의 위치가 보다 구체적으로 기술되고 있다. <표 2-2>는 녹둔도에 관한 고기록들을 정리한 것으로, 이 자료들 역시 고지도처럼 녹둔도에 관해 기록된 내용이 큰 차이를 보인다. 녹둔도의 위치와 관련하여 녹둔도가 두만강 하구에 있음을 최초로 밝힌 『세종실록지리지』 외에 『동국여지승람』에는 녹둔도 농보(農堡), 즉 "사차마도(沙次磨島)가 부(府-慶興)에서 남쪽으로 56리에 있고 토축(土築)이 있는데 둘레가 1,246척, 높이가 6척이며 두만강 입해처(入海處)에 있어 조산포와는 20리 거리에 있다"[14]고 하였다. 16~17세기경 저서로 알려진 『북관지(北關誌)』에는 녹둔도가 부(府)에서 남으로 56리, 조산보와는 30리 거리의 입해처,[15] 철종 때에 써진 『관북지(關北誌)』에는 부(府)에서 남으로 60리, 조산보에서 30리 거리

14 『東國與地勝覽』, 권50, 경흥도호부 관방조
鹿屯島農堡 島一名 沙次磨島 在府南 五十六里 土築 周 一千二百四十七尺高六尺 豆滿江 入海處 距 造山浦 二十里 有兵船 本堡 水軍 分戍于此而

15 『北關誌』 關防條 李端夏 편저, 간년 미상
鹿屯島堡 島一名 沙次磨 在府南 五十六里 土築 周一千二百四十七尺 高六尺 豆滿江 入海處 距 造山浦 三十里 有兵船 造山 萬戶 所管 夏則 本浦 水軍 今戍于此

표 2-2 녹둔도에 관한 고기록

서명(편저자)	간행연도	위치 관련 내용			기타 내용
		경흥부와의 거리	조산보와의 거리	바다와의 거리	
世宗實錄地理志	단종 2년 (1454)	東으로 25리		5리	
東國輿地勝覽	성종 12년 (1481)	南으로 56리	20리	入海處	둘레 1,246尺, 높이 6尺의 土築
東國輿地志	현종 11년 (1670)	南으로 50리	20리	入海處	有農堡
北關志 (李端夏 편저)	16~17세기경	南으로 56리	30리	入海處	
輿地圖書, 慶興都護府	영조 36년 (1759)	南으로 56리	30리		有土城, 有舊址, 今係江外
大同水經 (丁若鏞 著)	순조 14년 (1814)		南으로 20리		
慶興都護府邑誌	정조 15년 철종 보완	南으로 40리	30리	入海處	有土城, 有舊址, 今係江外
關北誌	철종 10년 (1859)	南으로 60리	30리	入海處	有土城, 有舊址, 今係江外
大東地志 (金正浩 저)	철종 14년 (1863) 이전	東南으로 80리		入海處	有居民 田甚 良沃
北關邑誌 (咸鏡道)	고종 8년 (1871)	東으로 70리	30리	入海處	有土城, 有舊址, 今係江外
慶興府 邑誌	광무 3년 (1899)	東으로 70리	30리	入海處	有土城, 有舊址, 其後 江道變遷 今爲俄地
俄國輿地圖	1880년대	100리	15리		西水羅 30里, 瑞僊澤 70里
일본외교문서	1890년	70리	10리		경흥 監理事務 金愚鉉의 증언 "섬에 山이 없고, 平地임."
朝鮮開化史	1901년	7리	1리	두만강 하구	삼각주

의 입해처에 위치한 것으로[16] 비슷하게 기술하고 있다.

16 『關北誌』 철종 10년(1859), 윤정선 편찬, 7책
鹿屯島堡 島一名 沙穴麻 在府南 六十里 豆滿江 入海處 距 造山堡 三十里 有土城 兵船 萬戶 所管 夏則 本堡 水軍 守於此只 有舊址 今係江外.

또 고종 대에 편찬된 것으로 추정되는 『경흥도호부 읍지(邑誌)』에는 "부(府)에서 동쪽으로 70리이며 두만강 입해처(入海處)에 있고 조산포에서는 30리에 있으며 토성이 있다"[17]로, 또 다른 경흥부 읍지에는 "부에서 남쪽으로 56리, 두만강 입해처에 있으며 조산보에서는 30리에 있고 옛날에는 토성이 있었다"[18]고 기록되어 있다. 녹둔도를 가장 구체적으로 그린 『아국여지도(俄國輿地圖)』의 '녹둔도도(鹿屯島圖)'(그림 2-10)에는 녹둔도의 위치를 '경흥부에서 100리 서수라(西水羅)까지의 거리가 30리이고 조산(造山)까지는 15리, 서선택(瑞僊澤)과는 70리'로 부기되어 있다.[19]

녹둔도의 위치는 일본인의 보고서에서도 언급되어 있다. 일본 외교문서 『녹둔도 관계 기밀문서 14(15): 녹둔도 관계잡철』은 19세기 말 녹둔도의 상황을 살필 수 있는 또 다른 자료이다.[20] 첩보수준의 보고물인 이 문서철은 3개의 항목으로 구성되어 있는데, 첫째 항은 녹둔도가 청국에 양여되었다는 풍설에 대한 진상조사를 한 보고서이다. 둘째 항은 1886년 10월 26일부터 이듬해 7월 16일까지 동북 변경인 경흥, 경원, 회령 지방의 실상을 정탐한 내용을 수록하고 있다. 셋째 항에는 러시아의 녹둔도 점령과 관련된 문서와 함께 두만강 하구지역을 그린 별첨 지도가 있다. 이 지도에서는 녹둔도를 두만강 하구의 작은 섬으로 묘사하였으며(그림 2-11), 위치는 조산에서 10리, 경흥에서 70리로, 녹둔도에 이르는 강폭은 가장 넓은 부분이 3정(丁), 가장 좁은 부분이 1정(丁)[21]이라고 도면에 쓰여 있다. 이 시기에는 이미 러시아 해군이 실측한 지도[22]가 있었음에도 불구하고 일본이 녹둔도 견취도

---

17 『慶興府邑誌』
鹿屯島堡 島一名 沙穴麻 在府東 七十里 豆滿江 入海處 距 造山堡 三十里 有土城 兵船 萬戶 所管 夏則 本堡 水軍 守於此只 有舊址 今係江外

18 「慶興都護府邑誌」
鹿屯島堡 島一名 沙次麻 在府南 四十里 豆滿江 入海處 距 造山堡 三十里 有土城 兵船 萬戶 所管 夏則 本堡 水軍 守於此只 有舊址 今係江外

19 『俄國輿地圖』 金光薰, 申先郁이 19세기 말 제작한 것으로 보임.

20 日本外務省, 鹿屯島 關係 雜綴(明治 19年 11月~23年 9月): 일본인들이 鹿屯島에 관한 정보를 첩보를 통해 탐색한 보고기록문.

21 一町은 109.09091m로 환산할 수 있다.

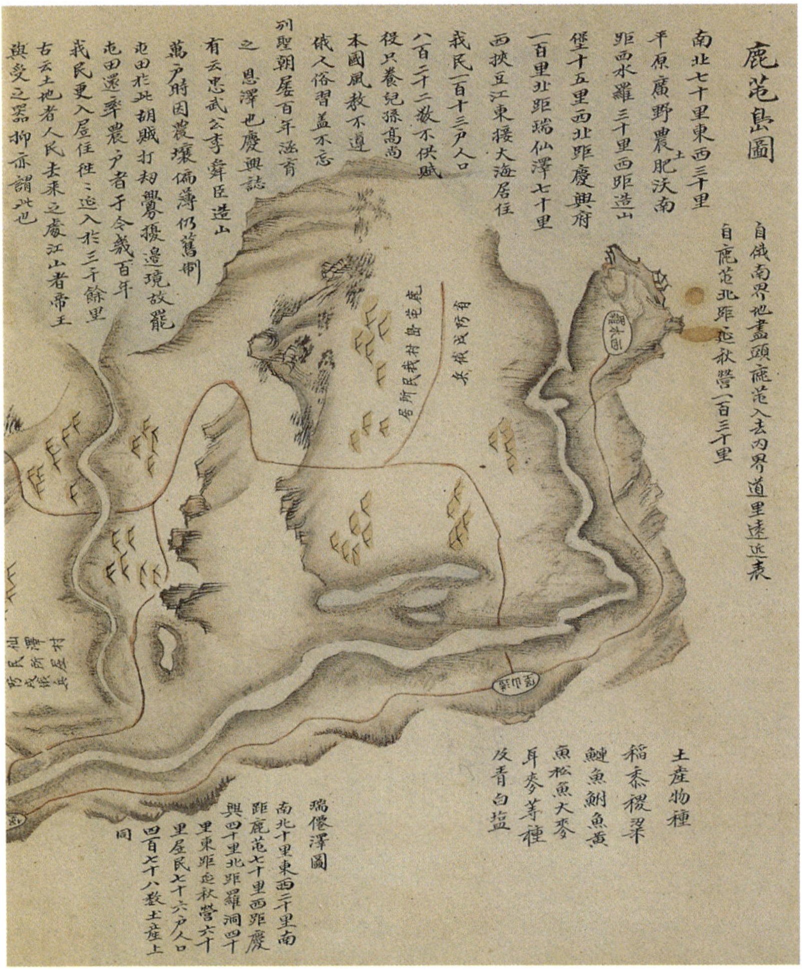

출처: 한국학중앙연구원장서각 소장.

그림 2-10 『아국여지도(俄國輿地圖)』에 수록된 녹둔도도

(見取圖)를 작성하면서 두만강 하구에 있는 작은 삼각주를 녹둔도로 잘못 표시함으로써 이후 녹둔도의 실체를 연구하는 학자들에게 많은 혼란을 주었다.

22 「포시에트만 탐사보고서」, 2007, 러시아 국립해군성 문서(1854~1894), 제1권 국사편찬위원회, 22쪽.

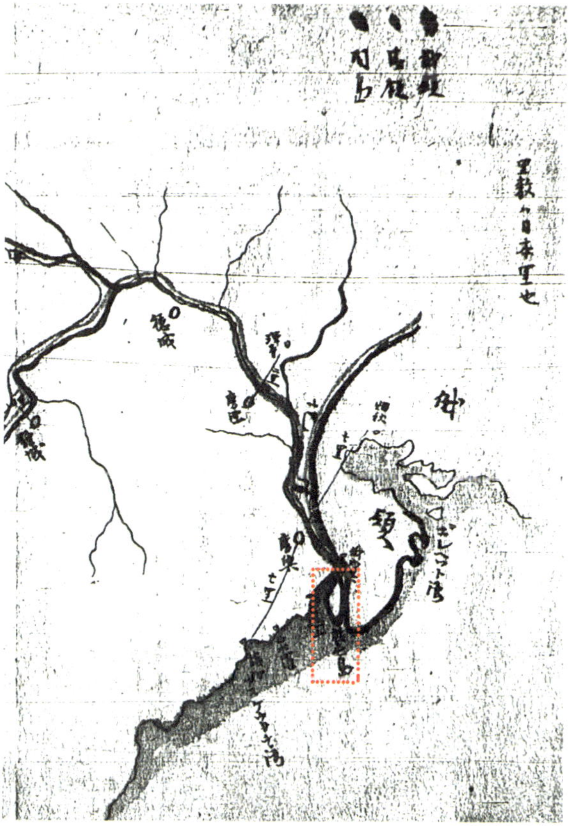

그림 2-11 일본의 『녹둔도 관계잡철』 속의 동북변경지방도(1886)

각종 고기록에서 녹둔도의 위치를 가늠할 수 있는 자료들을 종합해 보면 녹둔도에서 조산까지의 거리는 대개 20~30리로 비슷하나, 경흥부 소재지로부터 녹둔도까지의 거리는 편차가 너무 크다. 물론 당시 과학적인 측량이 불가능하였고 거리 측정의 기점인 경흥부의 소재지가 공주(孔州)(고읍동)에서 무의보, 아오지보로 이전하였으므로 경흥부와 녹둔도 간의 측정거리가 같을 수는 없다. 그러나 이런 점을 감안하더라도 동일구간에 대한 거리의 편차가 50여 리에 이른다는 것은 지금까지 알려져 온 바와 달리, 녹둔도가 섬이 아니라 두만강의 활발한 퇴적작용으로 계속 확대되며 변해 온 삼각주라는 확신을 갖게 한다.

이러한 추정은 조선조의 어떤 기록에도 녹둔도가 섬이라는 명확한 설명이 없다는 데서 비롯되었다. 원래 녹둔도는 여진어로 사차마라 불리다가 조선 초기 북변의 지명이 정리될 때 어미(語尾)에 도(島)를 붙여 사차마도 또는 녹둔도가 되었다. 이처럼 어미에 '도'를 붙인 이유가 녹둔도가 섬이기 때문이 아니라, 청과 조선 사이 지역을 간도(間島)라 불렀듯이 이곳이 조선과 여진의 중간지대 또는 완충지대라는 의미로 붙여진 것은 아닌지 또 다른 의문을 갖게 한다. 또 『세종실록지리지』에서 경흥도호부에 속하는 섬의 목록 중에 적도(赤島)와 난도(卵島) 2개의 섬만 있고 녹둔도는 기재되어 있지 않으며 일반적으로 각 부의 관할 구역에 있는 섬을 설명할 때 대개는 남북 몇 보(步), 동서 몇 보로 섬의 크기를 표현하는데,[23] 19세기 말 이전의 고기록에서 녹둔도의 크기에 대한 기록을 찾아볼 수 없다.

조선조의 기록 중 녹둔도의 크기를 밝힌 유일한 자료인 『아국여지도』에서는 녹둔도의 크기를 남북 70리, 동서 30리라 하였다. 그러나 두만강 하구의 폭을 감안해 볼 때 하중도의 면적이 300km^2 이상 이른다는 것[24]은 지나치며, 이 수치는 두만강 하구의 범람원 지역 전체를 포함한 것으로 보인다. 녹둔도의 규모는 앞에서 언급한 일본 외무성의 외교문서 『녹둔도 관계잡철』에도 나타난다. 기록자에 따라 위치나 면적에 차이가 있는데, 1890년 7월 4일 다쓰다 가와(立田革)는 녹둔도의 주위를 8정으로 보고하였고, 그해 8월 15일 가와가미 류이치로(川上立一朗)의 보고에는 조선의 경흥감리(慶興監理) 김우현(金禹鉉)의 증언을 토대로 녹둔도의 면적을 사위(四圍) 20리라 하였다.[25] 또 1901년 다른 일본 자료인 쓰네야 세이후쿠(恒屋盛服)가 간행한 『조선개화사(朝鮮開化史)』에는 녹둔도의 면적을 "… 폭은 東西 廣 7町許 南北 最長 9町許…"[26]로 기록하고 있다. 이처럼 일본인들의 추정치는 『아국여지도』와 큰

23 『세종실록』 권155 지리지, 함길도/경흥도호부에서 경흥부에 있는 2개의 海島 설명을 '赤島 南北二百步, 水路三百餘步. 卵島 南北一百五十步 東西三百步 水路四十餘里'로 하고 있다.

24 조선조 말 도량형 기준에 의하면 10리는 4km이므로 녹둔도의 대략적인 면적은 300km^2 이상이다.

25 梁泰鎭, 1999, 『近世 韓國境域 論攷』, 景仁文化史, 210-211쪽.

차이가 있다. 그러나 이 자료들은 녹둔도가 육지화되어 원래의 모습이 사라진 후의 기록이므로 섬 자체만의 면적을 파악하기란 쉽지 않았을 것이므로 신빙성이 낮고, 무엇보다 현장답사에 기초한 『아국여지도』와는 달리 일본인의 기록은 탐문에 의한 자료이므로 그 진위가 분명하지 않다.

정밀한 과학적 지질 조사 없이는 육지화되기 이전 녹둔도의 크기나 범위가 어느 정도였는지, 녹둔도가 해도나 하중도(河中島) 또는 삼각주였는지를 밝히기 어려울 것이다. 그러나 여러 사료들과 현장답사를 종합 분석해 본 결과, 녹둔도는 오랜 기간에 걸쳐 두만강 하구에 조성된 넓은 퇴적지를 총칭하는 것으로 추정된다. 그리고 녹둔도의 위치에 대한 기록에 큰 차이가 나는 이유는 초기에 조산지역 주민에 의해 개척된 녹둔도의 농지가 점차 동과 남 그리고 북으로 확대되면서 녹둔도의 개간 범위가 확대된 결과라 볼 수도 있다.

현장에 대한 과학적인 발굴 조사가 불가능한 현재의 상황에서 녹둔도의 위치나 크기를 밝히기는 어렵다. 그러나 녹둔도에 둘레 1,246척, 높이 6척의 토성[土築]이 있었다는 『동국여지승람』의 기록을 비롯하여 <표 2-2>에서 볼 수 있듯이 여러 지지서(地誌書)에서 밝히고 있는 유토성(有土城) 또는 유구지(有舊址)와 같은 기록들을 근거로 하여 토성이 축성된 장소를 확인할 수 있다면 초기 녹둔도의 위치나 대략적인 윤곽을 파악할 수 있을 것이다.

2) 녹둔도의 역할과 기능

세종의 명을 받은 김종서가 육진(六鎭)을 개척하여 두만강 연안의 방비를 튼튼하게 구축한 이후에도 함경도 변방에서 야인(野人)들의 출몰은 멈추지 않았다. 입지적으로 두만강 하구에 있는 녹둔도는 일찍이 두만강 좌안(左岸)의 여진족과 동해를 따라 올라온 왜구를 방어하는 군사 요충지로서 조선조의 각종 기록 속에서 북방 변경 관리의 주요 거점으로 기술되고 있다. 세종

26 恒屋盛服, 1904(明治 四年), 『朝鮮開化史(全)』, 東亞同文會藏版, 134-136쪽.

조에는 본포 수군 90명이 이 지역을 방수(防守)하여 여름이면 조산포의 수군이 동해로 침입하는 왜구를 방비하고 두만강 대안에 거주하는 여진족의 내륙침입을 견제하는 군사적 요충지였다.[27] 녹둔도는 함경북도 경흥 관하의 관방소 중 조산보에 속한 조산포영과는 20리 거리로 병선(兵船)이 있었고 조산 만호(萬戶) 소관으로서 여름이면 본포인 조산포의 수군과 나누어 방비하였다.[28] 그 외 여러 기록에서 "조산 구자(口子)[29] 녹둔도"라는 표현을 통해 녹둔도가 조산지역의 군사 요충지인 관방(關防)이었음을 알 수 있다.

녹둔도는 변방 방어의 거점인 동시에 경지가 부족한 함경도 경흥 조산지역 주민의 비옥한 농토였으며 한때는 변방을 지키는 군사들의 식량공급지인 둔전(屯田)이 설치되기도 하였다.[30] 이러한 사실은 『조선왕조실록』에서 녹둔도에 관한 내용의 상당 부분이 경작과 관련되어 있다는 점에서도 확인된다. 녹둔도의 농경은 조선 초기에 시작되었으며, 지리적으로 가장 근접한 조산포 지역 농민들이 봄에 배를 타고 녹둔도에 들어가서 농사를 짓고 가을에 추수하여 본토로 돌아오는 춘경추귀(春耕秋歸)의 형태로 이루어졌다. 이들은 군의 비호 아래 배를 타고 섬을 드나들며 경작지를 일구었는데, 농산물 생산량이 상당했던 것으로 추정된다. 그러나 풍부한 생산물은 약탈 대상이 되어 인근 여진부족들의 침입을 자주 겪어야 했다. 이에 세조는 녹둔도 농민이 들에 흩어져 있을 때 야인들이 배를 타고 몰래 들어와 침입, 약탈당할 것이 우려되므로 진장(鎭將)과 만호(萬戶)들에게 엄중히 방비하라는 명을 내릴 정도였다.[31] 이는 당시 녹둔도에는 넓은 경작지가 있었고 국왕이

---

27 『世宗實錄地理志』 함길도/경흥도호부, 造山浦 兵船 泊立 萬戶領船軍 九十 防守.

28 『東國輿地勝覽』 권50 경흥도호부 관방조.

29 口子란 변방의 국경지대인 압록강과 두만강 연안에 있는 요지에 군사시설을 갖춘 작은 관방을 말함.

30 『선조실록』 권21, 선조 20年 10月 4日條
兵曹判書 鄭彦信 啓: "鹿屯島 起耕一事, 專發於臣. 而今聞賊胡來, 犯人畜搶掠, 皆由臣謬見而致. 請先治臣身, 以謝朝野." 傳曰: "鹿屯島 迎近虜境, 虜來侵軼, 乃常事也, 初非不慮有此也. 本島, 自祖宗朝爲我農場, 卿目覩軍餉艱虞之狀, 請令民得入田, 此豈失乎? 諸使蹉跌, 智者千慮, 必有一失, 其何傷於卿盡心國事之忠乎? 予何敢致尤於卿, 以資不爲國事, (旁)[傍]觀者之竊笑乎? 愼勿以此自沮, 更加知無不爲."

31 『세조실록』 권2, 세조 1年 8月 10日條

이 섬의 방비에 관심을 기울일 만큼 농산물의 소출이 많았다는 것을 입증하는 대목이다.

녹둔도에 관한 기록들은 대부분 방수나 농경과 관련된 내용들로서 홍수로 인한 수해와 야인의 침범에 대한 우려가 『조선왕조실록』에 18차례, 『승정원일기』에 4회, 『비변사등록』에 2회 등장한다. 그중 중요한 기록들을 살펴보면 다음과 같다. 성종 17년(1486) 함경도를 다녀온 정성근(鄭誠謹)이 왕에게 녹둔도에 관해 보고하는 중에, 이 지역을 가장 잘 알고 있는 전임 관찰사와 절도사들이 "조산(造山)의 군사와 백성들이 봄에 녹둔도에 들어가서 경작하고 가을에 추수를 마치고 본보(本堡)로 돌아오는데, 내왕할 때 반드시 삿대를 저어 주즙(舟楫)을 움직여야 하므로 농민들이 몹시 괴로워하며 군민 모두가 녹둔도에 상주(留居防戍)하기를 바라고 있으며 또 섬의 토질이 차지지 않아서 흙벽을 바를 경우 모래와 풀을 섞어 사용하는데, 비바람이 한 번 스쳐 가면 곧 무너져 남는 것이 없으므로 만일 적이 쳐들어오면 막아낼 방법이 없으며, 또 큰물이 밀어닥치면 섬 전체가 물에 잠기므로 농민들이 이곳에 상주하는 것 또한 두려워하고 있다"[32]고 승언하며 녹둔노에 정착하기 어려운 실정을 토로하고 있다. 이외에도 중종 5년(1510) 좌의정 유순정은 "녹둔도가 적의 침로는 물이 깊고 왕래하기 어려우나 우리 백성들의 경작로는 물길이 얕아 다니기 쉬우니 조산만호로 하여금 설보(設堡)하도록 하자"[33]고 건의하였고, 중종 9년(1514) 10월 안윤덕 등 14명의 무신이 변방의 방비책을 임금께 올리는 말미에 녹둔도 방비 강화에 관해 건의하는 항

骨看兀狄哈 內, 可備宿衛者, 揀選上送. 一, 造山口子 鹿屯島 農民布野時, 骨看 等乘船潛入, 搶掠可慮, 密諭鎭將及萬戶嚴加備禦.

32 『성종실록』 권188, 성종 17年 2月 22日條
造山 軍民春而入耕于鹿屯島, 旣穫而還戍本堡, 其往來必用舟楫, 民甚苦之, 皆欲留居防戍. 然此島土無粘泥, 其堡壁皆用草稭, 和沙以塗, 一經風雨, 頹落無餘, 倘遇賊變, 何以戍之? 且有大水, 則必至漂沒, 不可使民留居也.

33 『중종실록』 권10, 중종 5年 3月 5日條
○左議政 柳順汀 啓曰: "臣聞 咸興 入居一百戶, 無可耕之地. 鹿屯島 沃饒可耕, 而 宋軼 等議啓: '後日賊變可畏, 不可許耕也.' 臣聞鹿屯島 賊路水深, 往來艱險, 我國人往耕之路, 水淺易行. 使 造山 萬戶, 設堡於其地, 耕(獲)穫之時守護, 則不得邀擊, 而民得耕種.

목[34]도 있다. 중종 37년(1542) 5월 기사 가운데에는 봄철 농사를 지을 때면 조산만호(造山萬戶)가 군민을 거느리고 본보(本堡)를 비우고 녹둔도로 들어가서 성(城)과 기계(器械)를 만들다 가을이 되면 본보로 돌아오는데, 갈 때와 올 때 모두 가산(家産)을 날라야 하는 번거로움으로 만호와 농민 모두 마지못해 한다는 기록이 있다.[35]

또 명종 5년(1550) 윤8월 17일부터 내리기 시작한 큰비로 19일에는 두만강이 넘쳐 경흥진과 그 관할 하의 아오지보, 무이보, 조산보와 그 주변 지역 전체가 침수하여 수확할 가망성이 없으며, 호인(胡人)들의 가옥도 바다로 떠내려간 것이 부지기수였다[36]는 기록으로 미루어 볼 때 야인의 약탈뿐 아니라 두만강의 범람으로 인한 수해 또한 큰 문제였다. 이처럼 야인들의 기습적인 약탈이나 홍수의 피해뿐 아니라 두만강을 건너 춘경추귀의 이동을 해야 하는 번거로움에도 불구하고 녹둔도의 개간이 지속된 것은 두만강이 운반한 퇴적물로 이루어진 비옥한 농토[37]에 대한 매력이 상당하였던 것 같다.

선조대에 이르러서는 녹둔도 내 둔전(屯田) 설치에 대한 논의가 활발하였다. 당시 녹둔도는 경작지가 부족한 함경도 변방을 지키는 군인들을 위한 식량공급지로서 높이 평가된 것으로 보인다. 선조 16년(1583) 계미년 오랑

---

34 『중종실록』 권21, 중종 9年 10月 13日條
慶興 之地, 北抵 豆滿江 '東抵 大江, 距 慶源 遼遠, 形勢甚孤. 骨看' 兀狄哈 沿海而居者, 生齒日繁, 部落境接, 而又能習於舟楫. 苟失撫禦, 使彼有輕鎭將之心, 則 造山堡 鹿屯島 之地, 安保其無虞乎?

35 『중종실록』 권98, 중종 37年 5月 21日條
萬戶當春農作之時, 率其軍民, 空其本堡, 爲城子[移]器械於鹿屯島, 及秋還堡, 往還之時, 並輸家産. 是以民無恒産, 流亡殆盡. 萬戶等雖欲不爲往來, 恐其見誤於監司, 不得不爲.

36 명종실록 권10, 명종 5年 8月 2日條
○傳于政院曰: "今觀 咸鏡北道 兵使【南致勤.】啓本,【慶興, 自閏六月十七日大雨始作, 十九日 豆滿江 水漲溢, 本鎭及所管 阿吾地 '撫夷' 造山 沿江田地沉沒, 頓無收穫之理. 胡 家漂流下海, 不知其數, 糴麥沉沒. 慶源, 自閏六月二十六日下雨, 二十八日水漲, 胡 家全數漂沒, 早晩禾穀, 盡爲沉 沒腐朽. 彼我人並絕食, 賑救之策, 須及措置.】水災慘酷, 彼我人時方阻飢. 關防重地, 被災至此, 至爲駭愕. 明日三公及戶曹堂上並命招, 同議移穀救荒之事." 大臣議啓曰: "令本道監司, 計各鎭倉穀 幾何, 慶源, 慶興 失業軍民戶幾何, 鏡城 以南各官倉穀多寡, 可以移給者."

37 『중종실록』 권8(원전 14집 330면), 『중종실록』 권10(원전 14집 415면)
鹿屯島 沃饒可耕.

캐의 변란 이후에 함경도 관찰사로 북변을 방비하던 정언신(鄭彦信)이 녹둔도에 군량(軍糧) 비축을 위해 둔전을 설치하자고 건의하였고, 이에 선조는 둔전의 설치를 승낙하였을 뿐 아니라 녹둔도가 강 북쪽의 오랑캐 마을과 너무 근접하므로 방책을 설치하고 이졸(吏卒) 약간 명을 두어 방술하게 하였다.[38]

그러나 둔전이 정착되기에는 어려움이 많았다. 선조 17년(1584) 기록에는 녹둔도에 둔전을 두었으나 북방지사라 어렵다고 하였고, 선조 19년에는 조정에서 선전관을 파견하고 둔전관을 두어 설책하였으며 농기구와 농우를 들여보내 남도(南道)지역의 군역(軍役)에서 빠진 군병을 농군에 예속시켜 경작에 힘쓰도록 하였다는 기록[39]도 있다. 그러나 녹둔도의 둔전 설치는 변방이라 야인의 약탈이 잦고 모래가 퇴적되어 형성된 땅이라 큰물(홍수)에 대비하기 어렵다는 이유로 계속 반대에 부딪쳤고 이에 대한 조정의 논의가 분분하였다.

방술의 강화와 설보의 필요성이 자주 거론되는 와중에 이 같은 우려가 현실로 나타났다. 선조 20년(1587) 9월 추수기에 여진 시전(時錢)부족이 녹둔도에 몰래 침입하여 책루(柵壘)를 지키던 수장과 방비하던 군사 11명을 살해하고 160여 명의 군민을 납치하였으며 15필의 말을 약탈해 갔다. 이에 당시 경흥부 부사 이경록과 방술 책임자로서 녹둔도 둔전관을 겸직하였던 조산만호 이순신을 선봉으로 조선군이 반격하였으나 아군의 피해가 너무 컸다. 북병사 이일(李鎰)의 모함이 있었으나 조정은 패전에 대한 속죄의 기회를 주어 이순신은 이듬해 겨울 2차 정벌에 백의종군하게 되었다. 제1차 정벌이 있은 지 4개월 후인 1588년 1월 14일 북병사 이일은 400여 명의 군

---

38 『선조수정실록』 권17, 선조 16年 12月 1日條
○是歲設 慶興【鹿屯島 江 入海處】
屯田, 從巡察使 鄭彦信 議也, 府使 元豪 主之. 島近江北岸, 人馬通行, 胡落至近, 乃設柵, 置吏卒若干人. 防戍單弱, 土人憂之.

39 『선조실록』 19년(1586)
丙戌朝廷任遣宣傳官 金景訥號屯田官設柵於島以南閑軍隷 僞農軍 多入農器及耕牛適年 謙不補功.

사를 이끌고 한밤중에 꽁꽁 얼어붙은 두만강을 타고 야인들의 집결지인 추도(楸島)를 습격하여 적 33명을 사살하였고, 다른 한편으로는 길주 이북의 여러 진영(陳營)과 중앙의 장수들이 합세하여 2,500여 기(騎)의 군대로 출정하였다. 제2차 정벌에서는 여진 부락 200여 호를 불태우고 적 380여 명을 사살, 우마 29필을 노획하는 전과를 올렸으며 아군 희생자는 없었다.[40] 이 전투에서 함경북도 병마절도사 이일이 여진족의 시전부락을 소탕하고 그 포로들을 신문하는 광경을 이일의 손자가 그림으로 남긴 것이 「장양공정토시전부호도(壯養公征討時錢部胡圖)」이다.[41] 이 기록화는 북방 여진족 정벌이 주로 기병에 의한 포위 및 섬멸전이었음을 보여 준다.

한편 이 전투에서 백의종군한 이순신은 큰 전공을 세워 사면을 받았다. 후에 이순신의 공적을 기려 충무공의 5대 손 이관상(李觀祥)이 영조 38년에 관북 절도사로 부임하면서 녹보파호비(鹿堡破胡碑)를 세웠다. 이 비의 뒷면에는 홍문관제학(弘文館提學)으로 함경도 관찰사였던 조명정(趙明鼎)이 쓴 글이 새겨져 있다. 그 내용은 다음과 같다.

> 어허! 여기는 옛날 충무(忠武) 이공(李公) 순신(舜臣)이 오랑캐를 무찌르던 곳이다. 선조 20년 정해(丁亥)에 공이 조산보 만호로서 녹둔보 둔전관을 겸하였더니 오랑캐들이 가을 곡식 익어 가는 것을 바라보고 떼들을 이끌고 와서 목책을 에워싸고 군사를 풀어 크게 노략질하므로 공이 북쪽으로 3마장쯤 되는 높은 봉우리 위로 올라가 막아 싸우며 도적들이 돌아갈 길에 복병을 두었다가 해가 저물어 놈들이 돌아갈 무렵에 대포를 쏘고 북을 두들기며 그들을 공격하여 죽고 상한 자들이 얼마나 많았던지 적들이 크게 겁내어 다시는 가까이 오지 못했기 때문에 뒤 사람들이 그 봉우리를 일러 전승대(戰勝臺)라 하였다.

---

40 『선조실록』 권22, 선조 21年 1月 27日條
○辛亥/北兵使啓本: "慶源 藩胡, 鹿屯島時錢部落, 今月十四日, 率本道土兵及京將士二千五百餘名, 分道入送, 二更行軍, 三更越江, 十五日平明時, 焚蕩穹廬二百餘坐, 斬獲三百八十級, 馬九匹, 牛二十首, 全師回還事."

41 가로 101cm, 세로 135.5cm인 천(絲)에 그려져 있는데 상단에는 壯養公征討時錢部胡圖라는 제목이 전서체로 써져 있으며, 중단에는 전투장면이, 하단에는 이 전투에 참여한 모든 장수의 명단과 전투개요, 그림을 그리게 된 동기 등이 종서체로 서술되어 있다. 현재 육사박물관에 소장되어 있다.

(중략)

공의 충성은 해와 달을 꿰뚫고 공로는 종묘제기에 새김직하거늘 요까짓 한 조각 봉대야말로 공을 평가할 만한 아무것도 아니로되 공이 기한 전술로 적을 섬멸하던 것은 이미 진작 미관말직 때부터였고 이리하여 조정에서 공을 알아주고 써주어 마침내 만고에 없는 공운을 세우게 한 것이 실상 여기서부터 시작되었던 것이라 이대로 묻혀 버리게 할 수는 없다. 공의 5대 손 관상이 이번에 관북절도사가 되어 빗돌을 다듬고 또 천 리에 편지를 내어 내게 비 뒷면에 새길 글을 구하니 어허! 그야말로 옛 사람이 일러오는 말대로 이 땅을 차마 어이 황폐케 할 수 있을 것이냐 하던 그것인가 보다.[42]

이 녹보파호비는 녹둔도가 바라다 보이는 함경북도 경흥군 노서면 조산동 전승대에 지금도 남아 있다.[43]

녹둔도사건 이후에도 녹둔도 둔전의 부활에 대해 조정의 논의가 계속되었으나 계속 반대에 부딪혔다.[44] 비록 둔전 설치는 성공하지 못하였으나 실패한 이유가 둔전의 규모가 너무 컸기 때문이라는 기록[45]으로 미루어 볼 때, 조선 전기 우리의 선조들이 개발한 녹둔도에는 경작 가능지가 상당히 넓었음을 짐작할 수 있다. 이처럼 녹둔도는 육진 개척으로 개발과 관리가 지속되어 왔으며, 세조 이후로는 경작과 변방 방어의 주요 기지였음을 알 수 있다.

2. 동아시아 정세변화와 녹둔도

녹둔도사건 후 러시아와 접경하는 19세기 중반까지 영・정조 때의 몇 차례

---

42 慶興郡誌編纂委員會, 1988, 『咸鏡北道 慶興郡誌』, 271-273쪽.

43 백과사전출판사, 2000, 『조선대백과사전』, 평양.

44 양태진, 1999, 『近代韓國境論考』, 경인문화사, 203쪽.

45 『선조실록』 권187, 선조 38年 5月 29日條
永慶 曰: "粮餉甚難. 若以經遠之謀言之, 遠路輸運, 繼之無策, 添兵屯田, 實是良策." 上曰: "屯田亦未易言之. 六鎭必無屯耕之處, 故前日 鄭彦信 設屯於鹿屯島, 而竟不得成, 屯田亦不易矣." 永慶 曰: "鹿屯島 則大擧爲之, 故難成. 今則各鎭堡, 各以其添軍, 隨便爲之, 則庶得粮餉矣. 趙充國 且守且屯, 今可從略屯耕矣."

외에는 녹둔도 관련 기록이 없는 것은 그 기간 동안 녹둔도에서 조정(朝廷)의 관심을 받을 만한 특별한 사건이 일어나지 않았음을 뜻한다. 녹둔도에서 야인과의 충돌이 사라지고 평온해진 분명한 이유를 밝히기는 어려우나, 당시 국내외 상황을 통해 그 배경을 유추해 볼 수는 있다.

16세기 말 중국 동북지역에서 여진의 세력이 커지자 조선은 북방지역을 효율적으로 관리하기가 어려워졌다. 야인들이 수시로 조선 북변의 마을을 약탈하였는데 녹둔도사건(1587)은 그중 피해가 가장 큰 사건이었다. 이 사건 이후에도 두만강 하류 일대에서 여진족의 횡포는 계속되었고, 광해군 4년(1612)에는 이 지역에서 활동하는 야인들이 두만강 하구의 서수라(西水羅)까지 침공하였다. 이처럼 북변에서 야인들의 소란이 끊이지 않는 와중에 남쪽에서는 왜(倭)가 쳐들어와 임진왜란(선조 25년, 1592)이 일어났다. 가토 기요마사(加藤淸正)가 이끄는 왜병이 7년 동안이나 전 국토를 휩쓸고 최북단의 경흥부 서수라까지 침입하는 사태가 발생하였다. 한편 명나라의 국력이 약해지자 만주지역의 새로운 강자로 등장한 건주여진의 족장인 누루하치는 주변의 부족을 병합하여 후금을 세웠다(광해군 8년, 1616). 그리고 후금이 중원을 정벌하기 앞서 조선을 침략하여 정묘호란(인조 5년, 1627)과 병자호란(인조 14년, 1636)을 일으키면서 조선 사회는 극도의 혼란에 빠졌다.

계속된 전란으로 조선은 나라 전체가 피폐해졌고, 더욱이 청과 접한 북변은 무방비 상태여서 17세기 후반까지도 북방지역을 적극적으로 경영하기가 쉽지 않았다.[46] 이 혼란기에 북방의 주요 방어기지였던 녹둔도 역시 방치되고 있었음은 『인조실록』 18년(1640) 기사[47]에서 확인할 수 있다. 즉 '근년에 야인들이 녹둔도에 쌓은 방축(防築)이 우리의 경계를 침범하려는 계책'이라

46 강석화, 2002, 『조선후기 함경도와 북방영토 의식』, 경세원, 33-34쪽.

47 『승정원일기』, 인조 18년 4월 13일
姜碩期曰, 鹿屯島今方築設云. 此必自恃大江, 侵占吾境之計, 亦可慮也. 洪瑞鳳曰, 鄭彦信曾爲屯田於此, 爲所掠而中止. 上曰, 土厚乎? 姜碩期曰, 土厚矣. 上曰, 自前爲相爭之地乎? 李景曾曰, 自古然矣. 上曰, 然則以熊島捉去人, 將爲屯田乎? 具仁垕曰, 似是然矣.

며 우려는 하지만 그에 따른 별다른 조치를 취하지는 않았고, 오히려 '야인들이 예전부터 해 왔던 일'[48]이라며 대수롭지 않게 보고 있다.

한편 청이 건국(1640)과 함께 중원으로 진출하면서 간도와 두만강 연변의 여진족 장정들을 대거 징발해 갔다. 이 지역에서 활동하던 여진족의 주류 세력이 내륙으로 이동하고 두만강 연변에는 극히 일부만 남게 되면서 하류 일대에 본거지를 둔 여진족 무리의 세력이 크게 위축되었다. 결집력이 약해진 야인들은 종전처럼 조선인 마을을 약탈하기가 쉽지 않았을 것이다. 그리고 17세기 후반 이래 범월사건이 증가하자 조선과 청이 충돌을 피하기 위하여 국경지역에 완충지대를 설치하여 공백상태가 유지되면서 녹둔도 일대에 분쟁이 사라지고 자연스럽게 평화적 관계가 유지될 수 있었을 것이다.

조선조 중후반에 들어서는 전란의 피해뿐만 아니라 악천후로 인한 흉작이 잦았다. 특히 효종 초에서 숙종 말(1651~1720)에 이르는 70여 년 간은 이상 저온현상으로 농작물 피해가 커 기근현상이 심각해지자 많은 농민들은 굶주림에서 벗어나기 위해 스스로 토지를 떠나 유민(流民)이 되거나 더러 도적으로 전락하였다.[49] 계속되는 외란과 빈란으로 국가가 쇠약해지고 기아와 질병, 관리의 폭정을 견디지 못한 수많은 백성들이 새로운 땅을 찾아 북변으로 향하게 되었다.

18세기 들어 북변에서 야인들의 범월 행위가 줄어들면서 지역민에 의한 함경도 지역개발이 활발해졌다. 이즈음은 백두산 정계를 통해 북변지역에 대한 정보가 많이 축적되었고, 청의 건국 이후 계속되어 오던 대청위기 의식[50]에서 어느 정도 벗어나면서 고토회복(故土回復)의 의지가 표출되기 시

---

48 이왕무, 2011, 「조선시대 녹둔도(鹿屯島)의 역사와 영역 변화」, 『정신문화연구』, 34(1), 125-126쪽.

49 김연옥은 '증보문헌 비고'와 '조선 고대 관측기록 조사보고'를 토대로 조선시대 기후를 분석한 연구에서 "17세기 유럽이나 중국, 일본에서 나타났던 소빙기 현상이 조선 중기 이후 우리나라에도 나타나 가뭄과 냉량한 기온으로 인한 농산물 재배에 피해가 컸다"고 하였다(김연옥, 1985, 『한국의 기후와 문화: 한국 기후의 문화 역사적 연구』, 이화여대 출판부, 380-392쪽 참조).

50 숙종 조에 제기되어 조선조 후반까지 지속된 대청복수론(北伐論)으로 청과의 전쟁에 대비해야 한다는 주장이다. 즉 청이 내란이나 몽골의 침공 때문에 중원에서 세력을 유지하지

작하였다. 그에 따라 종전의 수세적인 관방정책에서 탈피, 북방 강역에 대한 관심이 고조되면서 북변지역개발이 적극 장려되었다. 특히 영조 대 들어서는 북변에서 주민의 활동을 허용하는 범위가 넓어져 백두산 일대와 두만강과 압록강 중상류 지역까지도 입거와 개간이 허용되었고,[51] 북변 개발과 함께 함경도 지역에 대한 영토적 관심이 커지면서 두만강변의 거주민도 급격히 늘어났다.[52] 특히 함경도 6진 지역은 조선 초기부터 북방 방어를 위해 사민정책(徙民政策)을 펴 오던 곳[53]으로 이주민들이 입거, 정착하는 것이 새삼스러운 일은 아니었다.

사료에 녹둔도에 관한 기록이 다시 나타난 것은 북변개발이 본격화된 영조 대에 이르러서이다. 『영조실록』 11년(1736) 기사[54]에는 임금이 '저편 바다 섬 안에 떼 지어 사는 무리'와 '숨어사는 무리'의 규모나 행태를 궁금해 하는 한편, 범월문제와 관련하여 그들의 처리에 고심하고 있다. 이 기록에서 녹둔도에 살고 있는 무리들이 야인인지 조선인인지, 또는 이들이 함께 어울려 살고 있었는지는 분명치 않다. 그러나 당시 조선사회가 계속된 전란으로 극도로 혼란했던 정황을 보건대 그들 중 상당수는 조세나 부역을 피해 숨어 들어간 조선 유민일 가능성이 매우 크다. 이러한 추정은 녹둔도에 범법자들이 은둔하고 있다는 기록을 통해서도 확인된다.

당시는 영토 개념이 분명치 않았으므로 둔전이 폐지된 후 녹둔도가 방치

못하고 영고탑의 옛 근거지로 돌아가는 일이 생길 경우, 청은 지름길을 취하기 위해 의주를 통해 조선으로 들어와 평안도와 함경도를 거쳐 그들의 본거지로 갈 것이므로, 이 이동 경로에 위치하는 조선의 서북지방이 큰 피해를 입거나 다시 전쟁이 일어날 수 있기에 그에 대한 대비책을 세워야 한다는 것임(배우성, 1995, 「古地圖를 통해 본 18세기 北方政策」, 『규장각』, 18, 71-77쪽; 강석화, 34-36쪽).

51 배우성, 1998, 『조선 후기 국토관과 천하관의 변화』, 일지사.

52 강석화, 22쪽, 130쪽.

53 예를 들면 16세기 여진족의 세력이 커지면서 변방 방비책의 하나로 남도의 闕額軍을 경흥 본진에 입거시켰고 이들을 녹둔도로 보내 농부로 삼았다.

54 『승정원일기』 영조 11年 3月 5日條
出擧條命均日, 咸鏡監司李箕鎭狀啓, 以彼邊海島中屯聚之徒, 鹿屯島竄伏之類, 人口多寡, 出沒形止, 實無明白偵探之路, 北兵使狀請移咨, 而此非輕易陳請之事, 請令廟堂稟處矣. 此事極爲憂慮. 曾前以彼邊作舍事, 移咨禁斷, 而卽今事勢, 有難率易移咨, 今姑置之, 何如? 上日, 此則不可率爾爲之矣. 命均日, 前者亦置之矣. 上日, 姑觀來頭, 可矣. 依爲之.

상태에 있었는지, 아니면 조선 사람이나 여진인이 거주하고 있었는지 알 수는 없다. 그러나 녹둔도를 실질적으로 관리한 주체는 조선이었음을 여러 기록에서 확인할 수 있다. 녹둔도사건 이후 조정에서는 녹둔도가 극변에 있고 청의 땅과 인접하다는 이유로 개간과 백성이 상주하는 것은 금하였으나 녹둔도를 포기한 것은 아니었다. 역대 왕들은 녹둔도의 개간 가능성을 항상 염두에 두고 있었다. 물론 자연재해나 야인의 침략으로부터 백성을 보호해야 하는 군주의 입장에서 위험 요소가 많은 녹둔도 개간을 쉽게 허용할 수는 없었을 것이다. 그러나 굶주림에 지친 백성은 현실적으로 매우 절박한 처지에 있었다. 이들은 기근에서 벗어나기 위해 농사를 지을 수 있는 땅이면 어디라도 개의치 않았을 것이다. 더욱이 농토가 절대적으로 부족한 북변 지역의 농민들에게 강 건너 바라보이는 비옥한 녹둔도는 우선적인 개발대상지였을 것이다. 따라서 관의 통제가 허술한 틈을 타 경흥 지방의 농민들이 강을 건너가거나 녹둔도에 은둔한 유민들이 관의 눈을 피해 어떠한 형태이든 경작을 계속하였을 가능성이 크다.[55]

조선은 국초부터 범월(犯越)을 엄히 다스려 왔다. 그러나 조선조 후반에는 북변지역에서 급속히 증가하는 인구를 감당할 식량과 연료가 부족해짐에 따라 범월하는 사람이 점차 늘어났다. 범월책이 소홀하였던 두만강 유역에서는 강 연안 주민들이 땔감을 구하러 강을 넘는 일이 다반사였다.[56] 더욱이 기근이 들면 이 지역 주민들은 집단적으로 두만강을 건너가서 식량을

55 이 추정과는 달리 조선 조정이 일찍이 농민들의 안전을 위해 녹둔도에 상주하는 것을 금지하였으며 더욱이 녹둔도사건 이후 둔전개발을 포기한 상황에서 군사를 보내 방비한다거나 다른 보호 조치를 취하지는 않았을 것이므로, 녹둔도사건 이후에도 야만족의 약탈과 위협이 계속되자 조선조정은 둔전을 파하고 농민들을 돌아오게 함으로써 자연스레 녹둔도가 방치되었을 것으로 보는 시각도 있다(반병률, 2003, 「러시아의 한인 발자취를 찾아서: 한・러・중 국경지역 한인마을」, 『신동아』 8월호, 592쪽 참조).

56 『승정원일기』, 정조 5년 12월 24일
良浩曰, 臣於年前, 待罪北邑, 躬審障塞, 則關防無一可恃, 邊禁極其疎虞, 至於犯越一事, 沿江諸邑則別無貂蔘之弊, 而專以薪樵之艱, 每多潛採之擧, 法禁非不至嚴, 而生理無所取資, 愚民之觸犯, 職由於此, 蓋江邊一帶, 山野童濯, 不但樵採之無所, 抑亦捍蔽之無礙, 江水衝決, 疆域變遷, 輿覽所載鹿屯島, 卽古忠武公李舜臣設屯田擊野人之地, 而今已移入彼地, 每當潦盛之時, 輒致崩嚙之患, 生民之失業, 猶屬細故.

구하거나 아예 머물러 사는 사람도 있었다. 이에 대해 관(官)에서는 알면서도 모르는 것처럼 내버려 두는 일이 많았다고 한다. 이처럼 조선인들의 범월이 잦았던 곳은 주민의 거주가 새로 허용된 압록강 연변보다는 이미 거주 인구가 많았던 두만강 대안이었다. 특히 함경도 북관의 무산, 회령, 온성, 종성 대안지역에서는 범월금지령이 거의 무시되는 형편이었고, 경원·경흥대안의 두만강 하류지대에서도 조선인의 범월이 증가하였다.[57] 고종 즉위 이후에는 경흥지방뿐 아니라 내륙 지방의 백성들도 두만강을 넘어 러시아령 연해주로 숨어들어 갔는데 그 수가 점차 늘어나 1869년 기사년 대기근 후에는 수천 명의 이주자가 발생하였다.

관의 핍박과 기근에서 벗어나려고 월강하여 강좌지역으로 들어가려는 유민들이 급속히 늘어나면서 조선인들은 뱃길로 동해안을 따라 북상하여 두만강 하구로 들어가거나, 내륙에서 경흥지방을 거쳐 나룻배나 겨울철 얼어붙은 강을 이용해 두만강을 건넜을 것이다. 녹둔도는 이 길목에 위치해 있을 뿐만 아니라 개발할 만한 비옥한 토지가 널려 있어 유민들이 자연스럽게 흘러 들어갔을 것이다. 물론 이들이 녹둔도에 정착하기까지 추운 겨울과 강한 해풍, 두만강의 잦은 범람과 같은 열악한 자연환경을 극복하는 데 어려움이 많았을 것이며 시간이 걸렸을 것임을 짐작할 수 있다.

열악한 조건에도 불구하고 녹둔도가 계속 방치된 것은 아니었다는 증거를 고기록에서 찾을 수 있다. 『영조실록』 23년(1748) 기사[58]에는 녹둔도 개간을 논의하는 중에 당시 녹둔도의 현황에 대해 "섬에는 나무가 없고 사초

---

57 강석화, 269-274쪽.

58 『승정원일기』, 영조 23년 6월 11일
象漢, 又讀至鹿屯島起墾事. 上日, 此是畋獵之所乎? 泰紹日, 然矣. 島無雜樹, 莎草無邊, 秋深則兵使, 率將校馬步刀劍鞭槍, 縱獵於此, 多獲獐鹿雉兎, 然後使民刈之, 載車而歸, 織而爲席, 以供淸差及官需所用矣. 弼撲日, 此是水中大島, 而兵使率三千兵馬, 依謄錄聚數三邑民, 以待一字陣馳驟, 然後許民刈荻矣. 上日, 起墾, 何如? 泰紹日, 臣未詳知矣. 弼撲日, 島在極邊, 隣於彼地, 合氷, 則瞬息可渡. 此島之耕墾, 甚不便矣. 上日, 起墾則民居之乎? 弼撲日, 島在豆滿江兩水間, 故民不居之矣. 上日, 此似平安道威化島, 留作馳逐之所好矣. 何必起墾乎? 李宗城, 書生, 故言之矣. 象漢, 又讀至炭草生事. 若魯日, 平安道, 亦有此等名色, 若勅需軍官·別武軍官之類, 皆徵一疋布矣.

(莎草)가 무성하여 가을이 깊어지면 병사가 보병과 마병을 데리고 대대적인 수렵을 행한 후, 동원된 백성들이 사초를 베어 그 풀로 자리를 짜서 청의 차관(差官)에게 주거나 관수용(官需用)으로 사용한다"고 밝히고 있다. 또 이 작업에 병마와 등록된 3개 읍의 주민 3,000명 및 사초를 실어 나르는 수레가 동원되었다는 것으로 보아 녹둔도 범위가 상당했다는 것을 짐작할 수 있다. 또 기록에는 녹둔도를 개간하는 데는 어려움이 있으므로 압록강 하구의 위화도(威化島)처럼 말을 사육하거나 사냥터로 두자는 활용방안을 제시하고 있어, 녹둔도가 정부 주도로 체계적으로 개발되지는 않았으나 조선조 후반에도 여전히 조선의 관할, 관리 하에 있었다는 것을 입증하고 있다.

3. 녹둔도의 육지화와 러시아 영속

1) 녹둔도의 육지화

외적인 평온함과는 달리 녹둔도 일대의 지형은 두만강의 흐름과 퇴적작용으로 빠르게 변하고 있었다. 두만강 물길의 변화는 조선 초기의 기록에도 나타난다. 성종 20년 북방의 5진(鎭)을 둘러보고 온 안윤손(安潤孫)이 왕에게 고하는 중에 '근년에 두만강의 물길이 바뀌어 알타리 여진족의 거주지를 침식하여 다시 몇 년 만 지나면 표몰(漂沒)될 것'이라는 내용이 있는데,[59] 이는 당시 두만강의 범람과 유로 변화가 매우 심하였다는 것을 암시한다. 더욱이 백두산 정계 이후 북변 개발이 적극 장려되었고 영조 대에 이르러 두만강변의 거주민이 급격히 늘어나면서, 지역 주민들이 농토를 일구고 땔감을 구하기 위해 나무를 함부로 베어내어[60] 하천 연안의 사면침식과 토사

---

59 『성종실록』 권228, 성종 20년(1489) 5월 30일
"斡朶里居我城底, 爲我藩籬, 通彼聲息, 爲益多矣, 不可使之逃去." 潤孫曰: "臣非謂薄於待遇, 使之逃散也, 但欲其去者勿追耳. 臣觀豆滿江水近歲遷變, 衝嚙斡朶里之居, 若更數年, 則必皆漂沒, 不能安其居."

60 순조 16년(1816) 함경도 암행어사 鄭基善이 관북 6진 지역 강변의 모든 산이 민둥산으로 벌거숭이가 되어 땔나무도 잇기 어려우니 황폐하고 비어 있는 땅에 식목을 해야 한다고

유출이 가속화하였다. 그 결과 두만강 하류로 밀려 온 토사가 하구 퇴적지인 녹둔도와 연해주 사이의 물길에 쌓이면서 점차 육지화되어 갔다. 녹둔도 상실의 근본 원인이 된 두만강 유로의 폐색(閉塞)현상에 대해 설명한 기록은 없으나, 여러 사료들을 통해 연륙시기를 대략 유추해 볼 수는 있다.

두만강 하구의 지형 변화에 따른 연륙의 조짐은 숙종조의 기록에서 처음으로 확인된다. 숙종 27년(1701) 함경도 병사 홍하명(洪夏明)이 두만강 서쪽의 강물 범람 대책을 올리는 중에 "두만강을 경계로 하여 여진족은 강의 동쪽에 있고 조선은 강의 서쪽에 있는데, 이 지역의 지형이 동쪽은 높고 서쪽은 낮아서 장마로 인하여 강물이 불게 되면 물이 서쪽으로 밀려서 갈래가 지므로 본래 흐르던 갈래는 점점 물이 적어지고, 새로 생긴 갈래는 점점 물이 많아져서 경흥부에 가장 가까운 강변이 물결의 충격으로 언덕이 붕괴되니 그 형세를 막을 수가 없다"고 하였다.[61]

또 정조 때 북방 변경지대에 남다른 관심을 기울이고 있던 이계(耳溪) 홍양호(洪良浩)가 경흥부사로 있을 때 작성한 「관북제읍록강식목계(關北諸邑錄江植木啓)」에는 지금의 북변방어책이나 부족한 병력으로는 진보(鎭堡)를 지켜 나가기 어려우니 그 방편으로 두만강 강변에 식수(植樹)를 하고 또한 수해에 대비토록 건의한 바 있다. 그리고 두만강의 급한 물살로 강 연안이 깎여 돌출하는 곳이 생기고 장마 때나 홍수가 날 때마다 강변의 침식현상이 일어나 강 연안의 한 모퉁이 땅이 잘려 나가는 등 국토의 감축을 가져오니 이를 방지해야 한다고 임금께 고하였다.[62] 즉, 북변방어책으로 병력의

고함(「備邊司謄錄」 205책, 순조 16년 6월 16일 기사 일부).

61 『숙종실록』 권35, 숙종 27년 5월 14일
○ 咸鏡北道 兵使 洪夏明 狀言:
六鎭與 胡地, 以豆滿江 爲界, 彼在江之東, 我在江之西, 東高西卑, 江水因潦漲, 西迤而派分焉. 本派漸微, 新派漸盛, 而慶興府 最近江邊, 波衝岸崩, 其勢不可塞. 苟欲殺歧流 從故道, 則雖動一道民力, 亦難爲之. 今若就尤.

62 『승정원일기』, 정조 5년 12월 24일
良浩曰, … 蓋江邊一帶, 山野童濯, 不但樵採之無所, 抑亦捍蔽之無礙, 江水衝決, 疆域變遷, 輿覽所載鹿屯島, 卽古忠武公李舜臣設屯田擊野人之地, 而今已移入彼地, 每當潦盛之時, 輒致崩嚙之患, 生民之失業, 猶屬細故, 疆土之日蹙, 豈非大患耶? 誠宜申飭守土之臣, 緣江植木, 着意長養積成林藪, 可作薪楢, 而至於水道之衝決處, 極力防築, 俾復故道, 亦令道帥臣,

부족과 진보의 보완을 위해 두만강 연변에 버드나무를 심는 안을 제기하면서 두만강 연안의 지형변화로 인한 녹둔도의 연륙을 언급한 바 있는데,[63] 여기에서 '금기이입피지(今己移入彼地)'는 녹둔도의 동쪽에 물길이 없어져 대안지역에 속하게 되었다는 것을 의미한다.

녹둔도가 육지화된 시기를 추정할 수 있는 또 다른 자료로는 1709년 청나라 강희제(康熙帝)의 명으로 프랑스인 선교사 레지(Regis) 등이 실측하고 당빌(D'Anville)이 제작한 『새 중국지도(*Nouvel Atlas de la Chine*)』와 프랑스인 듀 알드(Du Halde)의 『중국지(*Description de la Chine*)』가 있다. 이 책에는 당빌의 지도를 기초로 만주 방면을 그린 실측도가 수록되어 있는데, 여기에서 조·청 국경 사이에 무인지대(無人地帶)를 점선으로 표시하였고 녹둔도가 이 선 이남 반도 내에 포함되어 있어 18세기 초나 그 이전에 이미 연륙이 이루어졌음을 짐작케 한다.[64]

그 외 일본 외교문서인 『녹둔도 관계잡철』에서도 녹둔도의 연륙과 관련된 내용을 찾아볼 수 있다. 이 기록에는 당시 부산에 주재하고 있던 일본영사 다쓰 다가와가 블라디보스토크를 순회하던 중 경흥감리 김우현(金禹鉉)으로부터 "수십 년 전 강류가 변해 섬 서방으로 흘러 동쪽은 거의 수류(水流)가 없어짐에 따라 녹둔도는 연해주에 육속되었다"는 정보를 얻었으며, 또 일본 양속함(良速鑑)에 승선하여 이 지역을 정찰한 가와가미(川上)는 "20~30년 전부터 강물이 서쪽으로 흘러 현재는 조선 연안 쪽으로 강류가 나 있고 동쪽으로는 러시아와 연접되어 노령화(露領化)되었다"고 기술하며 연륙시기를 19세기 중반(1840~1860년대)으로 추정하고 있다. 이 자료들을 근거로 하면 녹둔도는 철종 대인 19세기 중반에 이르러 러시아 쪽으로 서서히 연륙되었다는 주장도 타당하다.[65] 그러나 이 보고서는 일본이 탐문에

考察勤慢, 俾有成效, 則庶爲嚴邊禁固疆域之一助矣.

63 趙珖, 1976, 「朝鮮後期의 邊境意識」, 『白山學報』, 제16호, 163-164쪽.

64 金兌春, 1986, 「豆滿江 下流의 KOREA IRREDENTA에 對한 一考」, 『朝鮮時代 北方 關係史 論攷』, 2, 白山學會 編, 1020-1024쪽.
김득황, 2005, 『만주의 역사와 간도문제』, 남강기획출판부, 211-220쪽.

65 柳永博, 1976, 「鹿屯島의 歸屬問題」, 『학술원 논문집: 인문사회과학편』, 15, 132-138쪽.

의존해 작성한 첩보문서이므로 신빙성이 떨어진다.

기록자에 따라 연륙시기가 이처럼 다른 이유는 두만강은 토사 퇴적량이 많아 강바닥이 얕고 홍수와 범람이 잦으며 건우기에 따라 유량의 변화가 심하여 어느 시점에서 녹둔도의 어떤 부분을 관찰하였는가에 따라 물 밖으로 드러나는 부분이 크게 다르기 때문이다. 앞의 기록들과 조선조 고지도의 내용을 종합해 보면 녹둔도의 육지화 조짐은 18세기 이전의 기록에서 나타난다. 즉 숙종 대(1675~1720)에는 녹둔도 주변 하천의 변화에 대해 기록하고 있고, 영·정조 조의 기록에는 6진지역의 남벌로 인한 사면침식, 토사 퇴적 및 두만강 하구의 물길 변화에 대해 언급하고 있다. 한편 고지도 상에서 섬이나 하구 퇴적지로 묘사되어 오던 녹둔도가 영조 36년(1759) 제작된 『여지도서』의 「경흥부지도」에서 '녹둔도금속피변(鹿屯島今屬彼邊)'이라는 부기와 함께[66] 처음으로 강 건너 러시아 측에 연륙된 모습으로 그려져 있다. 그리고 1872년 제작된 『지방지도』의 「경흥지도」(그림 2-8 참조)에는 녹둔도를 두만강 좌안의 육지부 내에 독립적으로 그렸고, 19세기 후기 일본에서 제작된 『아경지도』(그림 2-9)와 고종의 명으로 러시아 연해주 지역을 탐사한 후 제작된 『아국여지도』(그림 2-10)에서는 녹둔도가 두만강 좌안의 러시아 측에 속해 있다. 이들은 북경조약의 체결로 영토문제에 대한 관심이 고조된 19세기 후반 이후 제작된 지도이므로 정확도가 높을 것이다. 그러나 오래전에 변화된 자연현상을 과학적 검증 없이 사료나 고지도만으로 설명하는 것은 한계가 있으므로 앞으로 이 부분에 대한 보다 심도 있는 연구가 이루어져야 할 것이다.

조선조 말에는 조선과 청, 러시아 간 국경선이 분명하지 못하였다. 당시는 3국 모두 극변(極邊)인 두만강 하구지역에 관심을 쏟을 만한 여력이 없었다. 따라서 서서히 진행되는 자연 변화에 관심을 두지 못하였고 심각하게 받아들이지도 않았을 것이다. 무엇보다 당사국인 조선 사회의 무지와 무관

---

66 '鹿屯島今屬彼邊'이 녹둔도가 정치적으로 상대편에 속한다는 의미인지, 녹둔도가 연륙되었다는 지리적 의미인지 아니면 단순히 지도 제작자의 생각인지는 판단하기 어렵다.

심, 소극적인 대응은 후일 녹둔도 영속에 대한 시비를 낳게 하였다.

2) 러시아 영속 후의 녹둔도

녹둔도가 다시 관심을 받게 된 것은 북경조약의 체결(철종 11년, 1860)로 녹둔도가 러시아령이 된 이후이다. 영국과의 아편전쟁에 패하여 수도 북경까지 함락을 당한 청은 러시아의 중재로 간신히 위기에서 벗어날 수 있었다. 그러나 청은 그 대가로 러시아와 북경조약을 맺음으로써 1858년 아이훈(愛琿)조약으로 러시아와 청의 공동 관리 하에 있던 흑룡강에서 두만강 하구에 이르는 연해주를 러시아에 할양하게 되었다. 조선을 배제한 채 청·러 간에 체결된 북경조약과 그 이듬해 추가 조치로 국경표지를 결정한 흥개호계약(興凱湖界約)에 따라 정계비 표석작업을 함으로써 청과 러시아 간 국경선이 정해졌다. 그리고 경흥부의 대안 5리 지점인 사초봉(莎草峯) 부근에 세운 최남단 국경비인 토자비(土字碑)(그림 2-12)를 기점으로 두만강 하구에서 3국이 국경을 접하게 되었다.

그림 2-12 청·러 국경의 토자비 (1886년 선립)

북경조약이 체결된 19세기 중반경 녹둔도는 이미 외관상으로 러시아 측에 연륙된 상태였음에도 조선 조정은 녹둔도의 연해주 연륙에 대해 전혀 문제제기를 하지 않았다. 또 청은 조선의 의사를 무시한 채 녹둔도를 자신들의 영토인양 러시아에 넘겨주어 녹둔도는 엉겁결에 러시아의 영토로 편입되고 말았다. 그러나 러시아에 영속된 후에도 녹둔도의 거주민은 여전히 조선인이었고, 1937년 스탈린에 의해 강제 이주될 때까지 조선인 마을이 번성하였다.

녹둔도 일대에 조선인 취락의 기원이나 형성과정을 밝히기는 쉽지 않다. 연해주 지역의 조선인 정착촌에 대한 연구를 해 온 반병률 교수는 조선 중기 녹둔도 경작을 위해 춘경추귀의 계절적 이동을 한 농민들의 거주지를 정착촌으로 간주할 수 있는가에 대해 문제를 제기하며, 두만강 좌안에서 최초로 형성된 조선인 정착촌으로 1863년 비노그라드나야 강 유역의 '지신허(地新墟)'를 들었다.[67] 또 녹둔도 한인 마을에 관한 연구[68]에서는 1895년에 작성된 러시아 왕립지리학회 보고서를 비롯한 국내외 사료를 근거로 하여 녹둔도에 정착촌인 크라스노예 셀로가 생겨난 것을 1875년경으로 추정하였다.

그러나 이 주장에 대해 다소 의문이 생긴다. 첫째는 앞에서도 밝혔듯이 두만강 너머 가시권에 있고 지리적으로 근접하며 토질이 비옥한 녹둔도 지역이 국경으로부터 멀리 떨어진 지신허보다 10년이나 늦게 마을이 조성되었다는 데 대한 의문이다.[69] 둘째는 17세기 중반 이래 조선의 왕들은 고토 회복이라는 목표를 가지고 북변지역의 개척과 개발을 적극 추진해 왔는데 녹둔도도 주요 대상지역이었음을 사료에서 확인할 수 있다. 셋째는 1880년대 초 녹둔도를 탐사했던 조선의 관리들이 본 조선인 마을은 규모도 크고 매우 안정되어 있었는데, 과연 녹둔도처럼 열악한 환경에서 7~8년이라는 단시간 내에 100여 호가 넘는 큰 마을이 조성될 수 있을까에 대한 의문이다. 이러한 의문점은 앞으로 고고학적 접근과 과학적인 정밀탐사를 통해서 밝혀질 수 있을 것이다.

북경조약으로 녹둔도가 러시아에 영속되었음에도 불구하고 녹둔도가 우리 땅이라는 확신을 가졌던 고종은 대외적으로는 강계감사 문제를 제기하는 한편으로 녹둔도의 실상을 파악하는 데 주력하였다. 1882년에 어윤중을 서

---

67 반병률, 2003a, 「러시아의 한인 발자취를 찾아서: 한・러・중 국경지역 한인마을」, 『신동아』, 8월호.

68 반병률, 2010, 「러시아 연해주 두만강 하구의 한인마을 크라스노예 셀로(鹿屯島)의 형성과 변화」, 『한국근현대사연구』, 54, 7-35쪽.

69 이에 대하여 반병률 교수는 현지 면담 결과를 토대로 하여 당시 조선으로부터의 이주민 중에는 범법자가 많아 새로운 정착지는 조선에서 멀리 떨어져 추적이 불가능한 지역이 선택되었을 것이라고 주장한다.

북 경략사로 임명하고 녹둔도 일대에 대한 조사를 지시하였다. 그해 10월 어윤중은 서북 변경지역을 순방하고 돌아와 고종에게 녹둔도 사정에 대해 "녹둔도는 본래 우리나라 땅으로서 신(臣)이 조산에 도착하여 지형을 살펴보니 섬 동쪽에 모래가 쌓여 저쪽 땅과 연접되어 있고, 섬에 살고 있는 사람들은 모두 우리나라 사람들이며 다른 나라 사람들은 하나도 없었습니다."[70]라고 보고하였다. 이는 녹둔도가 비록 러시아 땅이 되었으나 거주민은 조선인으로 우리의 영토임을 확인시켜 주는 대목으로서 어윤중의 보고를 통해 북경조약 체결 후 녹둔도가 러시아령이 되었음에도 아직 녹둔도에 러시아 세력이 본격적으로 진출하지 않았음을 알 수 있다.

다른 한편으로는, 1882년과 1885년 두 차례에 걸쳐 고종의 밀사로 연해주지역에 파견되었던 김광훈과 신선욱이 두만강 하류 대안인 강좌지역 일대의 군사시설, 우리 교민의 실상, 지역의 형세, 주요 산물 등을 조사하고 그 결과를 수록하여 『강좌여지기(江左輿地記)』와 『아국여지도』를 펴냈다. 먼저 『강좌여지기』는 1882년 두 사람이 러시아 연해주 지역을 탐사한 과정을 일지(日誌) 형식으로 정리하여 1882~1883년에 지지(地誌)로 펴낸 것이다.[71] 여기에는 연해주지역에 거주하는 조선인들의 대부분은 자연재해로 인한 기근이나 경제적 궁핍 또는 관헌의 정치적 압박을 피해 두만강을 건너온 함경도 변방 주민들이라는 내용과 무엇보다도 조선 초기부터 우리의 영토로 기록되어 온 녹둔도가 조선 조정의 무지로 러시아 영토에 편입되었다는 사실을 강조하고 있다. 그리고 강좌지역에 산재한 한인 거주지역들, 즉 녹둔도를 비롯한 10여 개 마을의 넓이와 가구호수, 생업, 교육상황, 조국애 등 조선과 러시아 경계지대에 관한 모든 상황을 수록하였다.

1885년 재차 연해주를 다녀온 두 사람은 『강좌여지기』의 기록을 기초로 1885~1886년에 걸쳐 『아국여지도』를 제작하였다. 이는 당시 두만강 지역의 조선・러시아・청 간의 국경현황을 파악할 수 있는 중요한 근거 자료로서

70 魚允中, 1883, 『從政年表, 三』, 高宗 二十年 癸未十月.

71 申承權, 1993, 「江左輿地記, 俄國輿地圖 解題」, 『江北日記 江左輿地記 俄國輿地圖』, 한국학자료총서 二, 정신문화연구원, 42-43쪽.

서문에 청과 러시아의 지형 정황을 해설하게 된 뜻을 밝히고 있다. 그리고 두 밀사가 탐사한 29개 마을의 상세한 지세도(地勢圖)와 함께 각 지도의 여백에는 마을의 형세, 민가 호수, 군사시설 등을 기재하였는데, 『아국여지도』에 그려진 첫 번째 마을이 녹둔도(그림 2-10 참조)이다. 이 녹둔도 도면에는 물길, 산 모양의 구릉, 호수, 길 그리고 가옥들의 그림과 함께 '녹둔도촌아민소거(鹿屯島村我民所居)'와 '유방술아병(有坊戌俄兵)'이라고 쓰여 있어 마을에 조선인과 러시아 군사가 함께 거주하였음을 알 수 있다. 또한 지도의 여백 부분에 부기(附記)된 내용은 다음과 같다. "녹둔도 동(洞)에는 호구 113호,[72] 인구는 822명이며, 이곳의 넓이는 남북이 70리, 동서 30리로 들은 넓고 농토는 비옥하며, 남쪽으로는 서수라와 30리, 조산보와는 15리, 북쪽으로는 경흥부와 100리이며, 서선택(瑞僊澤)과는 70리로, 서쪽은 협착하며 동쪽은 대해와 접하고 있다. 여기에 사는 이들은 모두 조선인으로 본국의 풍교(風敎)를 본받으면서 아라사의 습속은 따르지 않고 있으며, 수백 년간 열성조가 함육해 온 곳으로 그 은택이 경흥지에 실린 바와 같다"고 하고, 이순신이 조산만호로 있을 때 둔전을 경략(經略)한 사실과 여진족을 혁파한 실상 등이 열거되어 있다. 지도의 하단 여백에는 녹둔도 지역의 토산물로 벼, 피, 옥수수, 보리, 밀과 연어, 붕어, 황어, 송어 그리고 청백염을 들고 있다. 이 기록들은 녹둔도 지역이 비록 북경조약 이후 공식적으로는 러시아 영역에 속하게 되었으나 실질적으로는 조선인의 생활터전이었음을 밝히고 있다.

녹둔도의 조선인 마을에 대한 외국인의 기록으로 1894년 겨울 이 지역을 방문한 비숍의 여행기에서 사요니(Sajorni)와 크라스노예 촌에 대한 묘사와[73] 러시아 작가인 가린, 미하일로프스키의 여행기[74]가 있다. 또 1927년

72 두 기록을 비교해 보면, 『강좌여지기』에는 녹둔도가 150호로 가장 큰 마을이었으나 2~3년 후에 발표된 『俄國輿地圖』에는 113호로 크게 감소한 것으로 나타났다. 이는 제정러시아 정부가 연해주 내륙을 개척하기 위하여 값싼 한인 노동력을 이용하려고 내륙오지로 이주시킨 결과로 보인다.

73 B. 비숍 지음, 신복룡 역주, 2000, 『조선과 그 이웃 나라들』, 한말 외국인 기록 21, 집문당, 270-274쪽.

74 민태원 외, 이지누 편, 『잃어버린 풍경 2, 1920-1940 백두산을 찾아서』, 호미, 117-130쪽.

경 일본이 제작한 지도와 1931년 러시아에서 발간된 지도에서 녹둔도 일대의 촌락 분포 상황을 알 수 있는데, 여기에 나타나 있는 모든 촌락 이름의 어원이 우리말에서 비롯되었다(표 2-3 참조).

즉, 지금의 하산 지역인 상와봉, 하와봉은 러시아어로 각각 우니불미(Unny-

표 2-3 20세기 초 녹둔도의 조선인 마을

마을이름		특기사항
조선지명	외래 지명	
臥峰지역	Nagornaia Derevnia	瑞磨澤村으로 상·하와봉 2개의 마을이 있음
上臥峰	Unnyburmy(Podgornyi)	현재의 하산
下臥峰	Nyburmy(Nagornaia)	
鹿屯, 鹿坪지역	Krasnoye Celo	鹿屯島에 위치하던 11개 작은 마을의 총칭
上所	Shansoi/Sansoy	Krasnoye Celo로 불렸음. 洞사무소 소재
中所	Tiuncoi	
城場	Songi	
臥龍坪	Varyangorine	
雀浦島	Chekasemi	세관초소(土里洞과 교역)
鶴水坪	Timoke	
鹽場	Kanguy	
앞세가리미		
두가리미	Tugaremi	
세가리미		
達田項	Tarbomogi	달보목
新坪	Sinfei/Sinpkhey	신페이
開拓里		개체기

출처: 다음 자료들을 참조하여 작성하였음.

1931년 제작된 러시아 연해주 포시에트 구역 지도.

『朝鮮半島5萬分の一地圖集成』, 學生社(1919년 測圖, 1928년 인쇄된 일본지도).

반병률, 2003a, 「러시아의 한인 발자취를 찾아서: 한·러·중 국경지역 한인마을」, 『신동아』 8월호.

_____, 2010, 「러시아 연해주 두만강 하구의 한인마을 크라스노예 셀로(鹿屯島)의 형성과 변화」, 『한국근현대사연구』, 54, 22-28쪽.

서무송·서인명·서원명, 2004, 『지리학 삼부자의 중국지리답사기』, 푸른길.

burmy), 니불미(Nyburmy)로 표기되었는데 여기에서 Nyburmy는 '누울 뫼', 즉 와봉의 뜻을 가진 러시아 어이다. 러시아 기록에 의하면 이 두 마을은 1875년 남쪽의 한인 마을 크라스노예 셀로(Krasnoye Celo)가 형성되면서 여기에 부속되어 있다가 1889년 독립되었다고 한다. 19세기 말에서 20세기 초에 걸쳐 녹둔도 일대에는 여러 개의 마을이 산재해 있었는데, 러시아어로 아름다운 또는 붉은 마을이라는 의미의 '크라스노예 셀로'라 불리던 이 녹둔 지역에는 19세기 말경 10여 개 이상의 작은 마을이 있었다. <표 2-3>은 하산 이남에 있는 조선인 마을들의 명칭과 특기 사항을 정리한 것이다.[75]

녹둔도 지역의 마을들 중 성장(城場), 중소(中所)와 더불어 가장 큰 마을인 상소(上所)에는 동사무소가, 상작포도(上雀浦島)에는 경흥의 토리동(土里洞)으로부터 오는 사람과 짐을 점검하는 세관초소가 있었다. 위 지도들에 나타난 토지이용 실태로 보아 대부분의 주민은 농사를 지었으며 강 근처 주민들은 농사 외에도 어업이나 제염업에 종사한 것으로 보인다. 여러 자료를 종합해 보면 19세기 중반 이래 녹둔도에는 백 수십 호나 되는 가구에 800여 명 이상의 주민이 살고 있었다(표 2-4). 또 1914년 러시아 기록에 따르면 크라스노예 셀로에는 러시아 문무성의 인가를 받은 마을 학교가 있었는데 2명의 교사와 85명의 학생들이 있었다.[76]

일제 강점기인 20세기 초 이곳의 정황은 독립운동가로서 1921년 4월 이곳 '녹동'에 잠시 머물렀던 신필수(申弼銖)의 일기에서 생생히 나타난다. "… 여기서 60리는 만주요, 저 두만강 건너는 조선이고 가위 삼국 접경이오. 마을은 40호 됩니다. 여기서 모두 농사하고 사시나요. 농사는 형식이고 모두 잠상(潛商)이지요. 잠이라니 뭐슬 어디 가 사서 어디가 판단 말이요…."라고 기록하고 있다.[77] 이 기록에 의하면 일제 치하인 1920년대에는 많은 한인

75 반병률, 2010, 24쪽 참조.

76 반병률, 2003a, 「러시아의 한인 발자취를 찾아서: 한 · 러 · 중 국경지역 한인마을」, 『신동아』 8월호.

77 申弼銖, 2004, 『松鶴 申弼銖 自敍傳』(도서출판 키-워드) 참조(1919년 후반부에 申弼銖가

표 2-4 20세기 초 녹둔도 지역의 가구수 및 인구수

출처	가구수	인구수
輿地圖書	150호	
江左輿地記	150호	
俄國輿地圖	113호	822명
녹둔도관계잡철(1890년)[a]	20~140호	
1897년 러시아 자료[b]		869명(남자 431명, 여자 429명)
조선개화사	130~140호(3개 마을)	
1906~19067년 러시아기록[c]	133호	839명
申弼錸 기록(1921)[d]	40호	-

a) 일본 외교문서 「녹둔도 관계잡철」 1890년 7월 15일자 문서번호 기밀 제19호.

b) A. I. Petrov, 2000, *Koreiskaia Diaspora na Dal'nem Vostoke Rossii 60-90-e gody XIX veka*, Vladivostok: Rossioiskaia Akademiia Nauka, p. 90.

c) P. F. Unterbeger, "Karta Primorskoi Oblasti: Iuzhno-Ussurisago Kraiia," *Priamurskii Krai, 1906~1910gg.*, St. Petersburg: V.F. Kirshbauma, 1912. Appendix.

d) 주 77 참조.

들이 조국을 떠나 이곳 녹둔도에 일시적으로 머무르면서, 러시아와 일본의 감시를 피해 비교적 자유롭게 농업과 상업 활동을 하면서 생계를 유지한 것으로 보인다. 또 웅기항에서 포시에트나 블라디보스토크를 연결하는 선박이 있었으며, 잠상들이 조선의 광목과 녹둔도에서 생산된 어물을 블라디보스토크 지역으로 팔러 다녔던 것을 이 일기를 통해 알 수 있다.

녹둔도의 조선인 마을들은 1937년 스탈린의 소개(疏開)정책에 따라 연해주의 조선인들이 강제 이주될 때 우선적으로 폐쇄되었다. 그리고 국경지대라 개발이 전혀 이루어지지 않아 지금까지도 과거의 흔적이 상당히 남아 있다.

한편, 강좌지역이 조선의 영토라는 확신을 가지고 있던 고종은 뒤늦게나마 조·중·러 3국의 국경조사를 위한 삼국공동감계안(三國公同勘界案)을 제의하며 흥개호계약에 따른 국경재감을 요청하고 녹둔도의 귀속문제를 거론하였다. 그러나 이미 녹둔도의 지정학적 중요성을 간파한 러시아의 야심

작성한 일기에서 전재. 본 자료는 부산 금정구에 거주하는 최병윤 씨가 제공하였음).

과 당시 청의 대표였던 오대징(吳大澂)의 무성의로 실현되지 못하였다. 대한제국정부가 수립된 이후에도 정부는 러시아에 대해 녹둔도의 반환을 계속 요구하였으나 을사보호조약으로 국권과 외교권을 상실하자 교섭이 중단되었고 일제 식민기를 거치면서 녹둔도 귀속문제는 방치되어 왔다.

남북이 분단된 이후에 우리는 녹둔도를 볼 수 있는 기회조차 어렵게 되었으며, 한반도와 러시아 간 국경문제는 북한이 결정해 왔다. 남북분단 후 북한과 소련 간의 국경분쟁으로 1957년 북・소 간 「국경문제 조정에 관한 협약」이 있었으나, 국경선 획정에 관한 협상은 1985년에 이루어졌다. 두만강 주수로(主水路)의 중간선을 양국 간 국경으로 규정한 것이다. 구체적인 국경선 획정을 위하여 1990년 9월 추가협상을 통해 양국이 조・소 국경조약에 합의했지만 두 나라의 국경선인 두만강 하구에서 동해안에 이르는 40.3km 구간에 대한 접경선 획정을 두고 이견을 보여 왔다. 이 지역은 3국의 국경지대로 중국 국경 문제가 결부되어 있을 뿐 아니라 두만강에 의해 형성된 사구와 퇴적지형, 하천 유로의 변화로 국경선을 정하는 데 어려움이 크다. 2004년 2월 러시아와 북한은 그동안 논란을 빚어 왔던 두만강 하구지역의 국경선 획정에 최초로 합의해 서명했다고 하며, 특히 양국 간 분쟁을 일으켰던 두만강 지역의 해상경계선에 완전한 합의를 본 것이어서 역사적 의미가 크다고 밝혔다.[78] 그동안 북한 측의 공식적인 발표가 없어서 자세한 내용은 알 수 없으나 1998년 북・중・러 3국이 두만강의 중간선을 경계로 정했던 전례로 보아 녹둔도 영속과 관련된 논의는 없었을 것으로 추측된다. 녹둔도 영속문제는 통일 후 제기되어야 할 국경 영토문제임에 틀림없으며, 사료의 분석 결과 역사적・지리적 측면에서나 국제법상으로 볼 때 녹둔도가 우리 고유의 영토임을 주장할 수 있는 근거는 확실하므로 이에 대한 대비책이 마련되어야 할 것이다.

78 『중앙일보』, 2004년 2월 11일자. A17쪽.

제3장
두만강 하류지역과 녹둔도의 자연

1. 두만강 하류지역 기후 특성

두만강 하류지역의 기상과 기후적인 특성은 몬순이라고 할 수 있으며, 이것은 수문, 식생, 토양 등 이 지역의 자연환경을 규정짓는 중요한 요소다.

동아시아의 일반적인 경향과 같이 이 지역에서도 겨울에는 북서풍, 여름에는 남동풍이 탁월하다. 북풍 계열은 겨울에 60% 이상이나 남풍 계열의 빈도는 20% 정도 된다. 이에 반하여 여름에는 그 반대의 경향성을 나타낸다. 계절에 따른 달로 살펴보면 7월 남풍 계통의 발생빈도는 74%이나 같은 달 북풍 계통의 빈도는 16%이다. 기압 재배치의 시기인 봄철 4월에는 북풍의 빈도는 줄어들고, 남풍의 빈도는 증가하는 반면 겨울 순환으로의 점이 시기인 가을 9월과 10월은 남풍의 빈도가 적다.

연평균 풍속은 두만강 하류지역을 포함한 하산-포시에트 지역에서 대략 3.0~7.0m/s인데, 겨울철 풍속은 여름철에 비하여 현저히 세다. 풍속이 15m/s 이상 되는 날의 수는 29일 정도 된다. 두만강 하류와 인접한 포시에트(Posyet) 만의 돌출부인 가모프(Gamov) 반도에서 최대 풍속 40m/s이 기록되었지만 여름철 최대 평균 풍속은 34m/s이었다. 포시에트 만의 안쪽에 위치한 포시에트에서의 풍속은 가모프에서보다는 약하다.

하산 지구에서 1월은 가장 추운 달로서 평균 -7.0~-11.0℃이다. 포시에트 기상관측소에서 1월 최저기온이 -28℃인 때도 있었으나, 1월 겨울 최고 기온은 +1℃인 때도 있어서 최고와 최저기온의 폭은 상대적으로 크다. 12월

표 3-1. 러시아 연해주 두만강 인접지역의 기온 특성(℃)

기상관측소	연 평균기온	연 최저기온	연 최고기온
Barabash	3.8	-37.4	+38.6
Kedrovaya Pad	4.4	-33.6	+34.6
Posiet	5.2	-28.0	+34.9
Gamov	5.6	-27.0	+35.0
Bolshoi Pelis	4.8	-27.0	+34.0

과 2월의 평균기온은 1월보다는 다소 높지만 해에 따라서는 최저기온이 12월과 2월에 기록되기도 한다. 3월에는 2월보다 대략 7~9℃ 폭의 기온이 상승하는데 이러한 경향은 4월까지 지속된다. 이후에는 기온 상승 폭은 다소 둔화되어 4~6℃ 정도다. 영상과 영하로의 기온변화는 봄철 3월 말/4월 초, 가을철 9월에 나타난다. 이 지역은 8월이 연중 가장 더운 달인데, 바라바쉬(Barabash) 관측소에서 +38.6℃가 기록된 때가 있다. 두만강과 가까운 포시에트 관측소에서는 1973, 1988년 최고기온 34.9℃가 기록되었다(참조 표 3-1).

하산 지구(Khasanskii)에서 연평균 강우량은 700~800mm이다. 연 강우량의 약 90%가 여름철에 내려 전형적인 동아시아 몬순의 특징을 보여 준다. 강수량이 최소인 달은 2월로서 7mm이며, 3월과 4월에는 다소 증가하여 35~45mm의 강수량을 갖는다. 여름에 온난 다습한 해양성 기단의 유입으로 6월(평균 강우량 90~100mm)에서부터 8월(평균 160~180mm)까지 강우량이 증가한다. 포시에트에서의 연평균 강우량은 675mm인데 해에 따른 강수량은 500~1,300mm로서 변동폭이 큰 편이다. 일일 최대 강우량은 8월의 강한 저기압과 태풍이 지날 때 일어나며, 경우에 따라서는 하루 강우량이 월 평균 강우량을 넘어설 때도 가끔 있다. 1996년 포시에트에서 하루에 198mm의 비가 내렸는데, 월평균강수량이 160mm인 점을 비교하면 당시의 상황을 짐작할 수 있다.

쾌청일수는 겨울철에 많은데 대략 18~20일에 이른다. 쾌청일수가 가장 적은 달은 여름철에 있는데, 6월과 7월이 가장 적은 달로서 최저일 때는 월 1~2일이었다. 하산 지구에서 기상특성 중의 하나로 안개일수를 들 수 있다. 여름기간이 동절기에 비하여 안개일수가 많다. 최대 안개일수는 65일이며 평균 지속시간은 6~7시간이다. 바다에 면한 이 지역은 대조가 거의 없는 것이 특징 중의 하나다.

2. 지질 형성기반

두만강 하류지역은 지질구조적으로 습곡대에 속한다. 한국에서는 두만강 습곡대, 러시아에서는 라오즐린-그로제꼬프(Лаозлин-Гродеков) 습곡대로 불리며, 중국에서는 이 지역과 인접한 곳을 연변습곡대로 분류한다. 구조지질적으로 두만강분지라고도 불리는 이 라오즐린-그로제꼬프 습곡대는 북동쪽으로는 시베리아 지체구조의 일부인 시호테알린(Sichote-Alin) 조산대와 한중지괴의 일부를 이루는 교요(膠遼, Jiaoliao) 탁상지 사이에 발달하고 있는 연변습곡대와 연결된다.

두만강 분지 혹은 라오즐린-그로제꼬프 습곡대는 신생대 제3기 퇴적분지의 침강운동으로 형성되었다. 이곳에는 많은 단층들이 발달하고 있다. 간략 연해주 지체구조도에 의하면 연해주에는 대략 북동-남서, 북북동-남남서, 북북서-남남동 방향의 구조선이 잘 나타나고 있는데 두만강 하류지역에는 우수리스크(Ussuryisk) 단층선 연장 구조선과 자파드노-프리모리스크(Западно-Приморский) 구조선과 평행하는 구조선들이 통과하는 것으로 추정된다. 라오즐린-그로제꼬프 습곡대는 주로 상부 페름기 퇴적암을 기반으로 관입암과 제3기층 및 4기 퇴적물로 구성되어 있다. 신생대 화산암-퇴적암복합체는 여러 현무암, 안산암-현무암, 안산암, 유문암, 유문석영안산암과 화산회, 응회암, 해안 원력, 모래, 실트암, 규질점토암, 사암, 석탄과 역암이 나타난다. 백악기와 주라기 암석은 역암, 응회암, 사암, 규질점토암과 저위와 중위 석탄

층으로 이루어졌다.

트리아스기 퇴적암 복합체는 사암, 자갈 역암, 역암, 규산암, 석회암, 석탄과 응회암으로 구성되어 있다. 페름기 화산-퇴적암 복합체는 응회암과 석회암, 사암, 화산암, 석탄 함유 아뢰라이트, 화산재-자갈력, 화산재-역암, 화산성 사암, 석영안산암, 휘록암, 안산암과 응회암이 나타난다. 습곡대의 최하부를 이루는 실루리아계는 사암과 응회암, 현무암질 스필라이트가 우세하다. 관입암 복합체는 고생대, 후기 고생대에 관입된 화강암질 반암, 화강섬록암으로 이루어졌다.

한국지질도(1/100만), Атлас Приморского кря, 1998.

그림 3-1 두만강 하류지역의 지질

녹둔도가 위치한 두만강 하류지역에 대한 러시아에서의 연구에 의하면 페름기에 해당하는 사암, 실트암, 점토성 편암, 역암, 석회암, 규질 점토성 편암, 화산암이 그의 기반을 이루는 것으로 알려져 있다. 제3기층은 하산 부근 북동부에 나타나며, 역암, 사암, 실트암, 규질 점토암, 갈탄으로 이루어졌다. 동부 299m 고지와 311m 고지 부근의 저산지는 관입암으로 이루어졌다. 북한의 서포항동 부근에는 백악기(불국사 화강암)의 심성암이 나타난다.[1] 두만강 하

1 한국자원연구소 발행 한국지질도(1/100만)에 의하면 두만강 우안 조산리를 포함한 동번포와 서번포 주변을 시기적으로 백악기로 추정하고 퇴적암과 화산암으로 이루어진 유천층군(안산암, 유문암, 응결응회암과 응회질의 사암과 역암 그리고 흑색 셰일의 퇴적층 렌즈 협재), 재덕층군(재덕산 알칼리 현무암은 제3기층)으로 대비하였다. 한편 북한의 지질연구에 의하면 두만강 우안은 conglomerate-mudrock, Andesite-porphyrite로 이루어진 자성층군의 연무리층으로 동정하고 중생대 상부 쥐라계와 하부 백악계로 대비하고 있다. 따라서 북한에서의 조사는 한국자원연구소의 연대보다 오래된 것으로 판정하고 있다(한국자원연구소, 1995; 대한지질학회, 1999; Geological Institute Academy of Sciences, 1993).

류의 저지는 제4기 퇴적물로 덮여 있다(참고: 그림 3-1 두만강 하류의 지질).

3. 두만강 하류의 하계망 형성과 해안선 변화

1) 두만강 개관

두만강의 전체 길이는 549km이고 16km는 러시아와 북한 간의 접경 영토의 길이이다. 백두산에서 발원한 두만강은 백두산 동부를 거쳐 동해의 엑스페디찌아(Expediutsia) 만으로 유입된다. 두만강 상류와 중류는 상대적으로 높은 고원을 자르면서 협곡 모양의 곡을 이루는데, 급경사의 골짜기를 이루기도 하여, 좁은 곳에서는 120m밖에 되지 않는 곳도 있다. 하류에서는 몇몇 지점에서 곡의 폭이 1.5~3.0km 넓어지다가 다시 좁은 골짜기로 변하기도 한다. 대략 17.5km에 달하는 거의 바다에 이르는 하구에서는 넓은 저지를 형성한다. 하류의 시작부분에서 하상 폭은 60~120m, 깊이는 1.5~2.5m, 유속은 2.5m/s이다. 두만강 강변은 대체로 기반암 노출된 곳에 따라서는 급경사를 이루는 단구를 이루기도 한다. 여러 곳에 여울들이 형성되어 있는데 모래톱을 이루기도 한다. 하류에서는 하도 폭은 300~1,200m 정도 되며, 강둑은 모래 혹은 모래와 미사로 이루어져 있고 좌안 단구는 5~6m 정도이고 가파른 경사를 이루는데 우안 단구는 다소 낮다. 두만강 최심선은 곡류하고 얕은 여울과 모래 언덕과 모래톱을 지나는데 최심선은 가을 홍수가 지나면 깊이와 위치가 변한다. 두만강 하구 입구는 모래톱에 의하여 차단되기도 한다. 하천에 의하여 운반되는 황색의 부유물질은 하구로부터 약 8km까지 퍼진다. 우안 하천 둑을 따라서는 산들도 있으며, 인접지역인 좌안에는 골풀들이 많이 자라는 호수와 낮은 구릉과 평지가 전개된다. 여기에는 많은 모래로 이루어진 구릉들이 있다.

두만강의 수문적 특성은 이 지역의 기후적 특성과 밀접하게 연관된다. 두만강의 홍수는 여름철에 전형적으로 나타난다. 강우 홍수는 주로 5월부터 9

월까지 발생하지만 경우에 따라서는 10월 그리고 아주 드물게 11월에도 나타나기도 한다. 홍수는 1~3일 내의 급격한 수면 상승과 물의 빠짐에는 8~25일 정도 걸리는 것이 수문 특성 중의 하나다. 홍수 일수는 매년 3일 내지 10일 정도다. 겨울철 두만강 유량은 상대적으로 적고 급격한 변화가 없는 지속적인 상태로 유지된다.

두만강에서의 결빙 시작은 하산역에서는 10월 말 11월 초의 기온 하강과 시작되는데 경우에 따라서 특히 온난한 해에는 11월 말에 시작되기도 한다. 가장 이른 결빙 시작 기록은 1976년 10월 30일이었고, 가장 늦은 시기의 기록은 1971년 11월 28일이었고 표준 결빙일은 11월 13일이다. 강 전체의 결빙은 11월 말 12월 초에 발생한다. 1976년 10월 31일이 가장 일찍 시작되었던 결빙 날짜이고 1954년, 1980년 12월 3일이 가장 늦게 시작되었던 날짜이다. 표준일은 11월 22일이다. 결빙 기간은 111일부터 152일간으로 평균은 128일이다. 해빙은 3월 하순부터 4월 중반 사이에 일어난다. 1959년 3월 20일이 가장 일찍 해빙이 되었던 날짜이고 1984년 4월 13일이 가장 늦게 해빙이 되었던 기록이다. 표준일은 3월 30일이다.

하산 철도 정거장 기상 관측 지점에서 이루어진 두만강 수온의 기록에 따르면 봄철 수온이 빙점 이상으로 오르는 시기는 3월 26일이 표준일이고 가장 빠른 시기는 1976년 3월 5일 그리고 가장 늦은 날은 3월 9일이었다. 가을에는 표준일은 11월 21일이고 가장 이른 날은 1967년 11월 11일이고 가장 늦은 날은 1980년 12월 3일이었다. 최고 수온은 37℃로서 1955년 8월 10일 기록되었고, 평균 연중 최고 수온은 28.3℃이었다.

2) 두만강 하류 지형 형성과정

두만강 하류지역 지형형성과 변화과정을 알려줄 수 있는 퇴적구조 시추자료나 연대측정 연구물은 적으나 러시아 측 문헌과 공동연구팀의 연구결과 보고서에 의하면 연해주 지역에서의 플라이오세(Pliocene)~제4기 퇴적물 연구를 통하여 두만강 하류지역에서의 지형 형성 과정을 다음과 같이 7단계로 구분할 수 있다.

1단계: 플라이오세~전반부 고기 갱신세(Pleistocene) 단계(210만 년 전~120만 년 전): 엑스페디치(Expeditsia) 만과 두만강 전 하류지역의 광범위한 저위평야를 형성하는 퇴적시기다. 잔류하는 암석들은 30~40m 단구를 형성하고 있다.

2단계: 후반부 고기 갱신세 단계(120만 년 전~80만 년 전): 퇴적 평야의 개석과 깊은 침식곡이 형성되는 시기다. 이러한 침식곡은 현재의 카라식(Karasik) 하천이 있는 곡을 따라서 형성되어 엑스페디치 만으로 유입되는 것과 원 두만강 곡을 이루는 것이었다. 대략 3개의 침식곡을 형성하였다.

3단계: 저위 갱신세~중위 갱신세 단계(80만 년 전~18만 년 전): 고기 침식곡에 하천과 바다에 의한 퇴적 작용으로 인하여 저위 평야를 형성하였다. 추정되는 위치는 하산 남부 해안지대이며, 주요한 지형 형성은 고 두만강의 작용에 의한 것이다.

4단계: 상위 갱신세(18만 년 전~13만 년 전): 퇴적 평야의 강력한 개석 시기로서 현재의 두만강 주향을 따라서 형성된 하나의 침식곡, 하산 취락지에서 골루비니(Golubiny) 봉 북쪽에 해당하는 선에 이르는 침식곡 그리고 하산 거주지에서 프토라야(Vtoraya) 하곡에 이르는 개석곡들이다.

5단계: 동해의 여러 번에 걸친 강력한 해진 시기(13만 년 전~7만 5,000년 전): 하산 저위 평야와 그의 기본적인 토대 위에서 섬과 섬들로 연속적인 제도를 이루는 광대한 만의 형성을 하였다. 바다는 북서부 위쪽 포포로트나야(Povorotnaya) 산록에까지 이르며, 해진의 끝 시기에는 하천성-늪(수렁)이 만에 나타나고 큰 석호가 형성되었다.

6단계: 말기 갱신세 빙기 기간 중의 하천성-해수성 평야의 침식성 개석 시기(7만 5,000년 전~5만 년 전과 2만 3,000년~1만 1,000년 전): 하산 거주지와 레베디노예(Lebedinoye) 호수를 따르는 선상에 깊은 개석곡과 하산 거주지에서부터 프토라야 프로토카(Vtoraya Protoka) 물길 사이에 또 하나의 깊은 개석곡이 있다. 동해 현 해안을 따라서 개석된 곡은 10~12m에서 32~47m까지 깊어진다. 이 단계에서 강력한 풍성 지형 형성 작용이 나타나는데 현 두만강 하곡과 평행하게 모래 언덕이 형성되며, 고 하구는 고정된다.

7단계: 후빙기(Holocene) 해진 시기의 현 저위 평야 형성시기(1만 1,000년 전~현재): 저위 평야 내에서는 하산 해안남부지역에서의 초기 두만강 하곡에 의한 퇴적이 이루어지며, 광범위한 유로 변동을 상정할 수 있다. 후빙기 말기(끝)에는 두만강 배수는 기본적으로 주로 현 물길에 집중되었다. 매우 높은 홍수 시에는 (10m까지) 두만강으로부터 카라식(Karasik) 물길로 범람하여 포시에트(Posjet) 만으로 유도되기도 하였다. 지난 3,000년 동안 두만강 물길은 3번의 변화(유로변경)이 있었는데, 저위평야 내에서의 변화이며, 해안선 부근의 물길과 변형된 모습의 해안선 모양이나, 염호의 존재 등으로 추정할 수 있다. 최초의 변경은 골루비니 만의 형성을 가져왔고, 900년경의 것은 프토라야와 페르바야(Pervaya) 물길(하도)의 형성을 가져왔다. 하산 평야 범위 내에서 후빙기 말(Holocene) 퇴적물이 비교적 적은 것은 두만강의 급격한 물길 분리 과정(물길 형성)과 관련되며, 해안선에 가까운 물길 내에서 홍수와 대규모 범람과 관련되어 있는 것으로 추측하였다.[2]

3) 후빙기 이래의 기후와 경관 변화

두만강 하구 지역도 갱신세 말에서부터 시작된 전 지구적인 기후의 온난화와 그에 따른 해수준의 상승에 영향을 받았다. 이것은 이 지역의 자연 경관 변화에도 직접적인 영향을 주었다. 연해주 남부지역과 인접한 두만강 하류지역에서의 해수면과 경관 변화에 대하여서는 러시아에서의 연구가 있다(그림 3-2 참조).[3]

전체적으로 관망하면 1만 2,000년 전에서부터 6,300년 전~6,000년 전까지, 급속한 해면 상승이 일어나 -80m에서 +3m까지 높아지는 현상과 그 후

2 A. M. Korotkii, 1983, *Paleogeomorphological Analysis of Relief and Sediments of the Mountain Regions (on Example of Far East)*, Moscow: Nauka, 246p.

3 A. M. Korotkii and Y. E. Vostretsov, 1998, *Geographical, Environmental and Cultural Dynamics in the Middle Holocene in the Peter the Great Bay*, Vladivostok: Dalnauka.

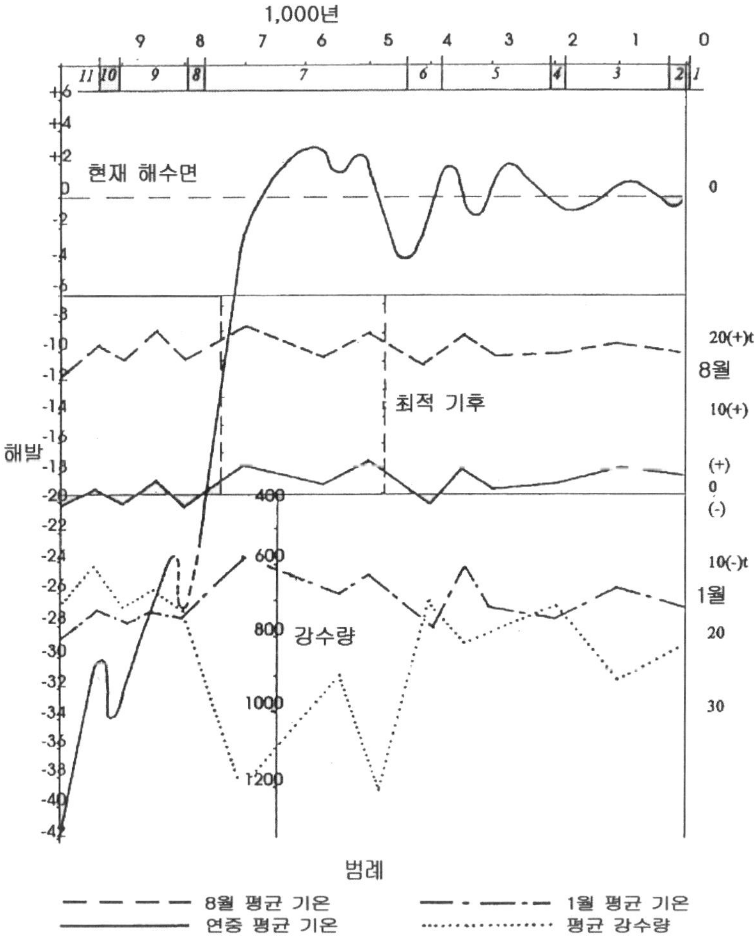

1~4 잣나무-참나무 삼림 (BP 2400년 시점: 자작나무/오리나무 증가)

5 참나무-활엽수림(풍부한 자작나무 동반)

6 잣나무-활엽수림, 잣나무-참나무/자작나무-오리나무 삼림

7 혼합 활엽수림　　　　8 자작나무-느릅나무 삼림(한랭기후 식생 동반)

9 자작나무-활엽수림　　　10 자작나무-느릅나무 삼림(너도밤나무-자작나무/오리나무 군락 동반)

11 자작나무-느릅나무/자작-오리나무 삼림(연안평야에는 삼림-툰드라 동반)

Korotkii A.M. & Y.E. Vostretsov, 1998, *Geographical, Environmental and Cultural Dynamics in the Middle Holocene in the Peter the Great Bay*, Dalnauka: Vladivostok, pp. 9-29. Fig.1.4. Changes of climate, vegetation and sea level in East Sea (the sea Japan) in the Holocene 참고.

그림 3-2 후빙기 이래 동해 연안의 기후, 식생과 해수준 변화

현 해수준을 기준으로 높아짐과 낮아짐을 반복하면서 수렴하는 변화의 양상으로 구분하여 볼 수 있다. 1만 2,000년 전 무렵의 해수면을 -80m에 있었을 것으로 가정하고 대략적인 해저 등고선을 고려하면 함경북도 나선시 일부 바다와 연해주 하산 지구 해상공원, 포시에트 만 등은 전부 육상으로 드러난다. 한편 6,000년 전 무렵의 해수준을 고려하여 동부 구릉산지와 일부 고립구릉을 제외하면 두만강 하구를 포함한 하류지역 평지는 해수면 아래에 놓여 있었을 것이고, 두만강도 현재보다는 내륙 쪽에 놓여 있었다. 이에 따라 펼쳐진 경관도 현재와는 상당히 달랐을 것으로 추정된다(그림 3-3 참조).

1만 2,000년 전 무렵에는 한랭 건조 기후가 우세하였고 온도에 따른 기후체계를 살펴보면 현재의 오호츠크 해 북서부의 상황과 유사하나 더 건조하였던 것으로 알려져 있다. 해안은 현재의 대륙붕처럼 평평하며 낮은 경사 스텝 평야와 유사하고 내륙 쪽으로 산지와 접하는데, 현재의 해안 및 해안선과 대략 평행하였고 페터(Peter) 대제 만의 대부분은 평야였으며 해안선은 덜 만입되었다.

현재의 대륙붕 지역에는 광범위한 초지 스텝과 간간히 자생하는 박달나무와 잎갈나무 위주의 삼림 툰드라로 구성된 반면 육지부에서는 이와는 대조적으로 잘 발달된 삼림에 드문드문 초지 스텝이 펼쳐지는 경관을 나타낸다. 겨울에는 바다는 얼고, 늦은 여름철까지도 바다에는 떠다니는 얼음이 남아 있었다.

해수준의 상승과정에서 해안 평야는 하천 하구의 습지와 만을 형성하면서 범람하였다. 9,700년 전과 9,300년 전 사이에 해면 상승이 일시적으로 멈추는 기간이 있었는데, 이 시기에 하구가 늪지화로 이어지고, 동시에 하천성 퇴적물로 만과 작은 규모의 만입지가 채워지기도 하였다. 하천 물길의 갈라짐에 의한 삼각주의 형성, 범람원 호수의 형성, 소규모 민물 호수가 형성되었다. 또한 연안에는 작은 규모의 해수 호수와 민물 호수가 평평해진 해안에서 형성되었다.

일시적인 해면 하강을 동반하지만 유사한 해면 변동 정지기가 8,200년

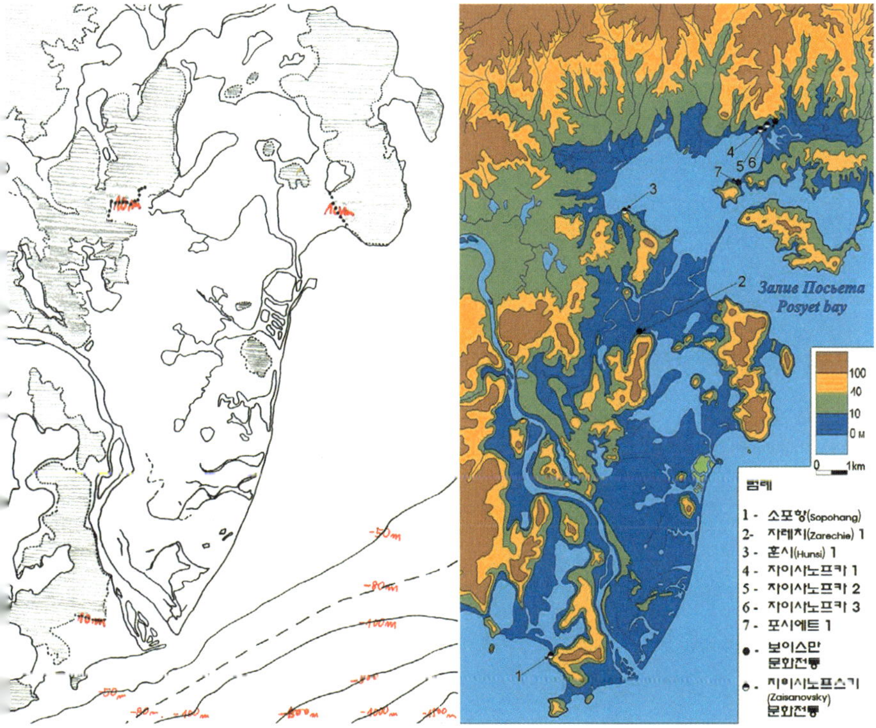

Korotkii A. M. & Y. E. Vostretsov, 1998, *Geographical, Environmental and Cultural Dynamics in the Middle Holocene in the Peter the Great Bay*, Dalnauka: Vladivostok, pp. 9-29. Fig.1.5. Reconstruction of landscape at Posyet bay ca. 6500~6000 BP 참고.

그림 3-3 두만강 하류의 +10m, -80m 등고선도와 6,500~6,000BP 경의 두만강 하류지역 경관

전과 7,800년 전에도 있었다. 대략 일반적으로 알려진 한대(Boreal)와 아틀란트기(Atlantic period)와 일치한다.

후빙기(Holocene) 최성기는 약 7,500년 전에 시작되었으며, 6,300년 전과 6,000년 전 사이에 해면은 현재의 해수준에서 2.5~3m 정도 높은 선에 달하였다. 이러한 결과 해안평야는 완전히 수면 하에 잠기게 되었다. 그러나 해안선 윤곽은 현재의 해안선과 평행하게 이루어졌다(그림 3-3 참조). 해안과 육지 지역의 기후적 상황은 해면 상승 정점 시점인 6,000년 전 무렵에 바뀌었다. 최성기 중에 연해주의 대륙지역과 비교하여 해안성 기후는 더 온난해

지고 따뜻해졌다. 8,000년 전과 6,000년 전 사이에 해면 상승의 비율이 1.4cm/년으로서 최대였는데, 이 기간 중 20m 상승하였다.

전체적인 경향은 해면 상승 시기에 해안의 습지화가 이루어지지만, 상승 비율도 습지화의 속도에 영향을 미치는데, 상승비율이 증가하면 습지화는 늦어지면서 진행되었을 것이다. 이 시기에는 해안선의 활발한 침식과 절벽 해안을 형성하였다. 해면이 상승하면서 깊숙이 만입되어 들어온 가파른 해안이 하구에 형성되었다.

1만 2,000년 전과 6,000년 전 사이의 환경변화의 특성을 비교하면 해안 지역에서의 변화가 육지 지역보다 크다고 할 수 있다. 해안에서는 상당한 경관 변화가 있었는데 많은 지역이 바다에 잠기거나 해안선 윤곽의 변화, 새로운 경관 요소의 등장과 확대에 따른 다양한 지역에서의 생산성의 변화 등이 그러한 것이다. 경관 재구성 정도는 해안 지역에 따라 다르다. 두만강 하구는 경관 변화가 적었다. 가장 큰 변화가 일어났던 곳은 페터 대제 만의 시부차야(Sivuchaja) 소규모 만과 페샤니(Peschany) 반도다.

6,500년 전과 3,500년 전 사이는 급격하지 않지만 다른 궤적을 갖는다. 최성기 중기 후빙기 6,500년 전과 6,200년 전 사이 당시 해수준은 현재보다 2.5~3m 높았었는데 광대한 만과 석호(유사한 예로 보이스만(Boisman)과 아디미(Adimi))를 형성하였고 해안을 따라서 해안 호수, 두만강 하구 지역에서는 섬들이 형성되었다.

기후는 따뜻하고 온난하였으며 현재보다 연 평균 기온이 3~4도 높았다. 여름철은 덥고 그리고 습기가 많았으며 7월과 8월 기온은 21℃가 넘었다. 연 강수량은 1,000~1,100mm를 넘었으며 여름 최대 강수량은 대단히 증가하였다. 겨울철도 온화하였고 중간 정도의 강수를 나타낸다. 보이스만과 같은 석호를 제외하고는 바다는 얼지 않았는데, 그런 곳에서는 겨울철 후반기에나 매우 짧은 기간 얼음이 형성되었다. 여름철에 바다는 현재보다 5~7℃ 정도 높았을 것으로 여겨진다. 아마도 해안류의 기온 상승은 쓰시마 해류의 가지(분류)의 강해짐과 관련된다. 겨울철은 육지보다 해안부가 더 온난하였다.

4) 두만강 하류의 유로와 해안선 변화

두만강 하도는 기후변화와 그에 따른 해수면 변동, 바다와 하천의 퇴적과 침식의 방향과 강도가 달라짐에 따라 변화되어 왔다. 접근 가능한 문헌과 인공위성 사진, 지형도 및 현지답사에 의하여 대략적인 두만강 유로의 변화를 유추할 수 있다. 많은 유로를 확인할 수 있으나 대략 유사한 시기 및 유형에 의하여 3~4 정도의 하구와 7개 정도의 유로를 추정할 수 있다(그림 3-4).

고 두만강 하구 1은 시부차야(Sivuchaja) 만 남쪽과 골루비니(Golubiny) 호수를 중심으로 형성되었던 것으로 추정된다. 골루비니 만은 일부 사주와 사취에 의하여 골루비니 봉과 연결되어 거의 바다와 격리되었다. 골루비니 호수의 북측 돌출부는 열린 만이었을 당시의 하구로서 이후의 퇴적에 의하여 매몰되었다.

고 두만강 하구 2는 흐따라야 프로토카(Vtoraya Protoka) 호수와 페르바 프로토카(Perva Protoka) 호수가 이루어진 곳으로 추정된다. 특히 페르바 프로토카 호수는 소위 녹둔강[4]이라고 지칭된 현 지류와 연결되어 있다. 위성사진과 지도에 의하면 고 두만강 하구 2의 실질적인 하구는 훨씬 바다 쪽으로 있었을 것으로 여겨지며 해진에 의하여 물길이 잘려진 양상이다.

고 두만강 하구 3은 레베디노예(Lebedinoye) 호수와 구 하도의 레베디나야(Lebedinaya) 강과 직접 관련이 된다.

두만강 현 하구에는 하중도인 중도, 삼형제도가 형성되어 있고, 사주의 흔적을 찾을 수 있다. 1900년대 초에 제작된 지형도와 2000년대 위성사진과 비교하면 두만강 하구 삼형제도는 퇴적에 의하여 면적이 확대되고 성장되어 있으며, 현 두만강 우측 분류는 연안류에 의한 퇴적으로 출구가 거의 막혀 있다.

현재의 카라식(Karasik) 강이 과거 두만강의 유로이었는지 대하여서는 분명한 관계를 찾을 수 없으나 가장 초기의 유로이었을 가능성은 배제할 수 없다.

---

4 본 연구에서 녹둔강은 처음 지칭되었다. 그간에 발간된 대축적지도에서 중국이 러시아 명칭을 음역한 것을 제외하고는 이들 샛강인 구하도에 명칭이 없었다(그림 6-14 참조).

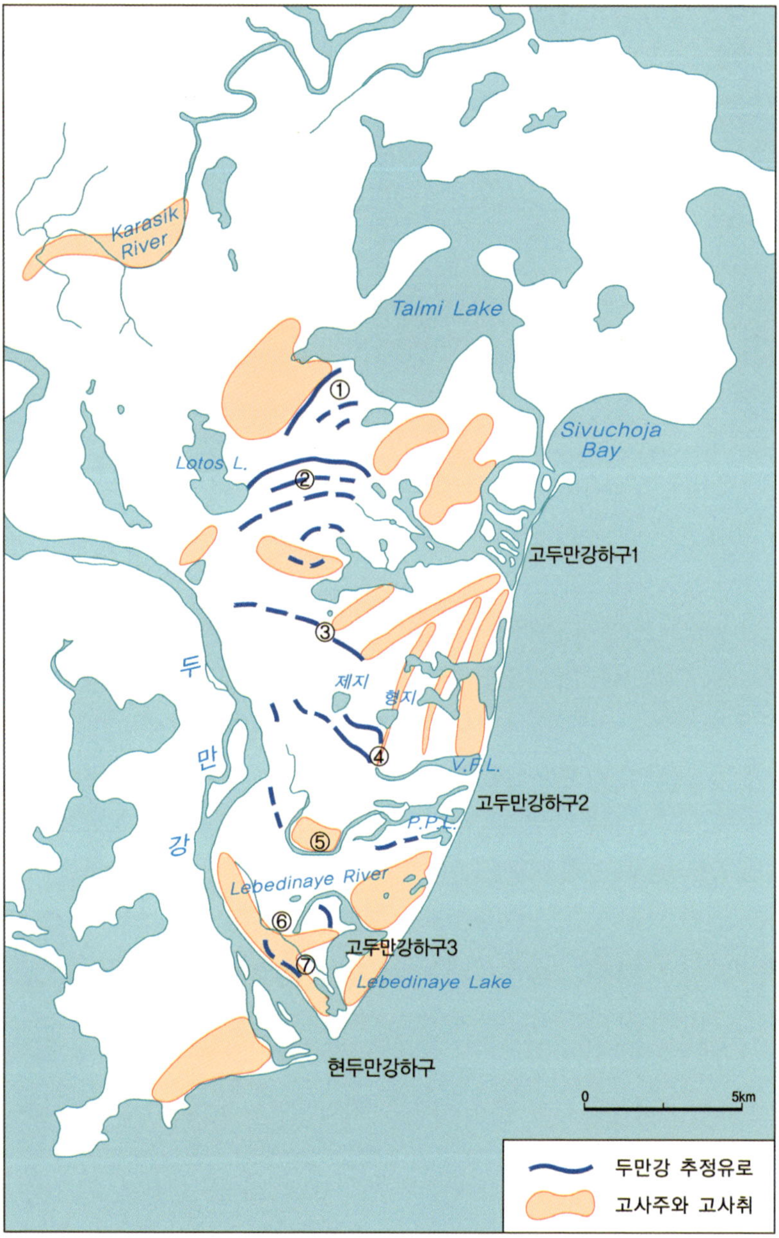

그림 3-4 두만강 고하구와 추정유로

상술한 러시아 측 연구에서는 고기 갱신세(120만 년 전~80만 년 전) 기간 중에 이 지역에 3개의 침식곡이 병존하였고, 카라식 하곡도 그중의 하나로 간주하였다. 하구로서 존재할 수 있는 사주, 하중도 등의 퇴적지에 대한 분명한 존재를 찾을 수 없으나, 해진에 의하여 포시에트 만과 그 주위에 존재할 수도 있는 여러 증거들이 현 해수면 아래 잠겨 있을 가능성도 있기 때문이다.

하도 1은 탈미(Talmi) 호수의 남서쪽으로 추정되며 이곳으로 유입되는 곳에 형성되어 있다. 하도의 하구가 어느 곳인지 확정할 수 없다. 작은 늪 아래에 유지되고 있는 배수체계를 볼 수 있다. 지도나 위성사진 영상으로 확인할 수는 없으나 탈미 호수로 연장되는 유로를 유지하였을 것으로 여겨진다. 하도 1의 범위는 바로 아래 남쪽에 위치하고 있는 늪까지 연결되는 휘는 선으로 볼 수 있다.

두만강 구하도 2는 하산 취락지구 부근에 있는 로토스(Lotos) 호와 골루비니 호수로 연결되는 부분이다. 위성사진 상으로 현저한 배수체계를 확인할 수 있다. 하도 2의 범위는 상당한 폭을 갖는다. 하산 취락지구 동부에서 로토스 호를 가로질러 골루비니 호수 북측 돌출 부분에 해당한다.

두만강 하도 3은 하산 취락지구 남쪽에서 로토스 호수 말단부를 거쳐 골루비니 호수와 여러 늪 사이를 통과하는 것으로 추정된다.

두만강 하도 4는 프토라야 프로토카 호수를 하도로 하여 형성된 것으로 추측된다. 제늪(제지)에서 형늪(형지)으로 연결되는 작은 곡류 유형의 수로들은 그의 흔적으로 여겨진다. 그중에는 매우 작은 규모의 흔적이나 일부 구간에는 뚜렷한 유량을 갖는 하도도 보인다.

두만강 구하도 5는 페르바 프로토카 호수를 하도로 하여 형성된 것으로 현재 소하천이 남아 있다. 매우 뚜렷한 하도를 나타내고 현지에서 확인할 수 있었으며 녹둔강으로 지칭하고 있는 유로다(그림 3-5, 3-6). 위성영상에 의하면 하도 5의 상부는 2개로 갈라지는 것을 관찰할 수 있다. 하나의 분류는 사구지대로 연결되며 하나는 두만강 좌안으로 연결되는 것을 볼 수 있다. 대략 두만강 제5 구하도는 조산리 승전대의 대안에 해당하는 두만강 현

그림 3-5 제5하도의 여름 모습

그림 3-6 제5하도의 겨울 모습

하도 공격면과 연결될 것으로 여겨진다. 구하도 5의 상부에 사구가 형성되어 있다. 두만강 구하도 5의 해안선 쪽으로는 여러 갈래 수로를 볼 수 있다. 또한 하도가 바다에 의하여 절단된 것과 같은 양상을 보여 주고 있어 상당히 빠른 해진의 영향을 추측하게 된다.

두만강 하도 6은 레베디노예(Lebedinoye) 호로 유입되는 하도를 가지고 있으며 현 두만강과 매우 근접한 곳에 형성되어 있다. 레베디노예 호수의 갈퀴모양의 돌출부는 과거 하천의 어구로 추정되며 이곳을 하구로 하는 유로도 여러 번의 유로변동을 한 것으로 여겨진다.

두만강 하도 7은 현재 레베디나야(Lebedinaya) 강으로 불리는 소류가 흐르는 곳으로 추정된다. 현 두만강과 직접적인 연관을 갖으며, 레베디나야 호수의 끝부분과 연결되는 수로가 있다. 레베디나야 호수도 여러 개의 수로 흔적을 갖고 있다.

현 두만강 하도에는 우안 측으로 중도, 삼형제도가 성장하고 있다. 1900년대 초기 실측지도와 2000년대 위성사진을 비교하여 보면 두만강 하구 삼형제도가 현저히 성장한 것을 볼 수 있다. 하산 부근에서 두만강 유로가 러시아 쪽으로 이동하고 있다.

녹둔도를 포함한 두만강 하구 해안평야의 해안선 변화는 위성영상을 통하여 추정할 수 있다. 측정 자료의 미비로 정확한 시기는 밝힐 수 없으나 구 하도의 지형적 특징과 호수의 형태, 사주의 방향과 구 하도 등으로 상대적인 선후 관계와 구 해안선과 해안평야(삼각주) 진전 과정을 추정할 수 있다(그림 3-7 참조). 탈미(Talmi) 호 주변에서부터 현 두만강 하구 쪽으로 오면서 상대적으로 형성 후기에 속하는 것으로 판단된다. 탈미 호는 가장 큰 호수이고 주변 지역 동부고지를 포함한 섬들은 연결되어 육계도를 형성하였다. 고 두만강 본류 혹은 분류와 격리되면서 퇴적물 공급이 막힘으로써 여전히 가장 큰 호수로 남아 있다.

첫 번째 유형의 해안평야와 해안선은 하산 취락 남부와 탈미 호 남동쪽과 부득포에 유입되는 소류 및 제늪에서 부득포로 유입되는 저지에 과거

그림 3-7
고사주와 고사취의 분포

해안선이 존재하였던 것으로 추측된다. 두만강구 유로(두만강 분류로서의 좌측 강) 1, 2, 3과 관련된다. 부득포와 연결되는 북동-남서 방향으로 해안선이 있었을 것으로 추정된다. 특히 제늪에서 부득포로 연장되는 부분에서는 매우 두렷하게 보인다. 두만강 구하도 4, 5가 통과하는 것으로 추정하는 곳에서는 주로 하천에 의하여 형성된 특징을 나타낸다. 이곳에서는 지표상에 모래가 덮여 있으며 사구열이 형성되어 있는 곳이다. 많은 물길과 수로의 흔적이 있다. 하로는 해진으로 잘린 형상을 갖고 있어 당시의 해안선은 훨씬 바다 쪽에 있었을 것으로 예상되며 해수면 상승과 관련된다.

두 번째 유형의 고 해안선과 퇴적지는 시부차야(Sivuchaja) 만 남쪽에서 시작하여 부득포 해안 부근, 형늪과 제2 하천가지에서 보인다. 해안선은 대체적으로 현재의 해안선과 평행하게 길게 원호상으로 띠 모양을 나타낸다. 여러 차례의 구 해안이 퇴적으로 인하여 매몰되는 과정을 보여 준다. 해안은 사주 사취 등에 의하여 골루비니(Golubiny) 봉과 연결되고 석호의 일부가 매몰 과정에 있다. 셋째의 유형은 현 두만강과 레베디나야(Lebedinaya) 강, 레베디나야 호수를 중심으로 형성된 구 해안과 삼각주의 전진 과정을 보여 준다. 구하도 6과 레베디나야 강, 현재의 두만강 퇴적으로 형성된 퇴적지다. 가장 후에 형성되었을 것으로 여겨진다. 해빈과 사주 퇴적물은 레베디나야와 두만강 하도와 횡방향으로 나타나 상기한 두 번째 유형과는 성장 방향이 다르다. 이곳에서도 성장 시기를 다르게 추정할 수 있는 방향이 다른 사주를 관찰할 수 있다. 북한 측에 있는 오갈산은 현재의 지도에 의하면 육지와 연결되어 있으나 고지도에는 섬으로 표시되어 있어 대략의 시기를 추정할 수 있다.

5) 자연 생태 경관

두만강 하류지역의 특징적인 지형은 하천 유역과 해안가에 형성된 사구와 습지들이다. 토양은 이러한 바탕 위에서 발달되어 있으며, 식생은 지형, 기후, 토양의 종합적인 상호 관계에 의하여 두만강 하류지역의 독특한 생태 경관을 형성하고 있다.

① 사구

사구는 두만강 기슭과 지류 하천 주변 및 해안 일대에 분포한다(그림 3-8, 주요 사구의 분포). 바람이 강하게

그림 3-8 주요 사구의 분포

부는 육지와 바다의 경계지대에 위치하여 사구와 모래는 심하게 이동한다. 특히 두만강의 하류는 대체로 북서-남동 방향의 골자기를 이루고 있기 때문에 겨울철 북서풍이 강하게 불어올 때에는 직접적인 영향을 받는다. 이때에는 초본 식물이 쓰러지고 건조한 모래 입자들은 심하게 날린다. 큰 모래 언덕들은 높이 15m 길이 약 100m에 달하는 것도 있으며, 대표적으로 몰로치나 계곡(Molochny val) 또는 산등성이(ridge)와 페샤니 계곡(Peschany val)이다. 사구들 중에는 현재 이동하는 것과 이미 고정된 사구들이 있다.

하천 주변의 사구는 하천의 흐름과 유사한 방향으로 형성되어 있으며, 사구들은 대체적으로 북서-남동 방향성을 나타내며, 북서쪽에 바람받이가 형성되어 있다. 모래 언덕의 경사는 바람받이 쪽이 약 5° 정도로 낮고, 동남쪽으로는 약 60~70° 정도의 경사를 이룬다.

사구에는 취식에 의한 와지(hollows)가 잘 발달되어 있는 곳도 있으며, 그 중에는 우기에 물이 고여 늪이 되었다가 건기에는 증발되어 바닥이 드러나는 것도 있다(그림 3-9, 3-10).

사구의 기원과 퇴적시기에 대하여선 다양한 견해가 있으나 일반적으로 대부분 최후빙기에 퇴적된 것으로 간주되고 있다. 이러한 시기의 것 이외에도

그림 3-9 사구 내의 와지

그림 3-10 자연사구의 경관

선신세(Pliocene) 모래 분포와 관련되는 고도 40~60m에 나타나는 사구, 후빙기(Holocene) 시기의 사구들이 있다. 사구 단면의 퇴적물에 대한 일부 연대측성에 의하면 아틀랜틱-섭보레알(Atlantic-Subboreal) 경계 시기의 것도 있는 것으로 조사되었다.[5] 풍성 지형 발달은 해퇴 시기 해안 평야의 육지화와 관련되는 것으로 추측된다.

사구의 광물 조성은 기원하는 암석과 기원지에 좌우된다. 저어콘(zircon), 금홍석(rutile), 갈렴석(orthite), 백티탄석(leucoxene), 적철석(haematite), 티탄철석(ilmenite), 자철석(magnetite) 등의 안정광물이 함유되어 있는 경우도 있다. 불안정 광물은 충적 퇴적물에서보다 풍성 퇴적물의 광물조성에서 우세하며, 두만강 유역 쇄설물로부터 기원한 것이다. 사구단면 하위부분에서는 최대 분포치를 보면 석영은 63%, 장석 40%까지 그리고 점토, 운모 등이 증가한다. 해안 사구에서는 작은 모래 입자 부분에서 중광물이 분포하는 반면, 풍성사구에서는 상당한 양의 중광물이 중립질부분에서 발견된다. 이동거리가 짧기

5 A. M. Korotkii, 1983, *Paleogeomorphological Analysis of Relief and Sediments of the Mountain Regions (on Example of Far East)*, Moscow: Nauka, 246p.

때문에 해안 퇴적물과 풍성 물질(퇴적물)에서의 광물 형태에서의 차이는 거의 없다.[6] 그러나 후빙기(Holocene) 풍성 모래의 입자크기의 분포는 매우 좋은 분급도를 보여 주고(분급도 1, 15~1, 30) 작은 입자의 우세한 분급을 보여 주는 단일 모드 분포를 그의 특징으로 나타낸다. 미사의 분포가 96% 이상 나타나는 것도 있다.

② 늪지와 석호

늪지와 호수는 두만강 하류의 특징적인 자연 환경 중의 하나이다. 두만강 하류와 하구에 분포하는 늪지는 대부분 제4기 호수 및 하천 퇴적물 위에 발달하여 있다. 이 지대는 퇴적 평야로서 평탄하고 해발고도가 낮아 배수조건이 불리하여 지하수위가 지표에 매우 가까이 있다. 여기에 두만강이 범람하면 원래 지하수위와 늪에 물이 보충된다. 여기에 더하여 이 지대에 늪이 많이 이루어지게 된 중요한 원인의 다른 하나는 한랭한 기후와도 관련된다. 특히 이 지대는 차고 습한 오호츠크 기단과 한류인 북한 해류의 영향으로 초여름까지 기온이 낮아 한랭성 날씨가 자주 나타나면서 기온과 일광 일수 비율이 낮고 상대습도가 높아 지표면 증발이 매우 약하다. 북한 측의 연구에 의하면 물의 침투가 어려운 일정한 두께의 점토층이 지난날의 호수바닥으로서 존재하며 여기에 물을 함유할 수 있는 이탄층이 깔려 있기에 이러한 여건도 이 지대의 늪 과정을 촉진시키는 조건의 하나로 간주하고 있다. 이 지역의 늪은 풍부한 지하수와 지표수의 함양을 받는 전형적인 저위 늪이다(그림 3-11, 그림 3-12).

이 지역의 늪은 매우 냉습한 것이 특징이다. 원래 늪은 열용량이 크기 때문에 겨울철에 내려간 온도가 봄철과 초여름까지 높아지지 못하여 지중온도가 낮다. 이와 같이 토양온도가 낮고 고습하여 호기성 미생물의 활동이 억제되기 때문에 이러한 늪에는 유기물 분해율이 낮으며, 결과로 늪에는 해

6 L. A. Ganzei and N. G. Razhigaeva, 1990, "The composition of the soils in eolian deposits of primorye," *Quaternary Events and Stratigraphy of Eurasia and Pacific Region*, Yakutsk, pp. 48-49.

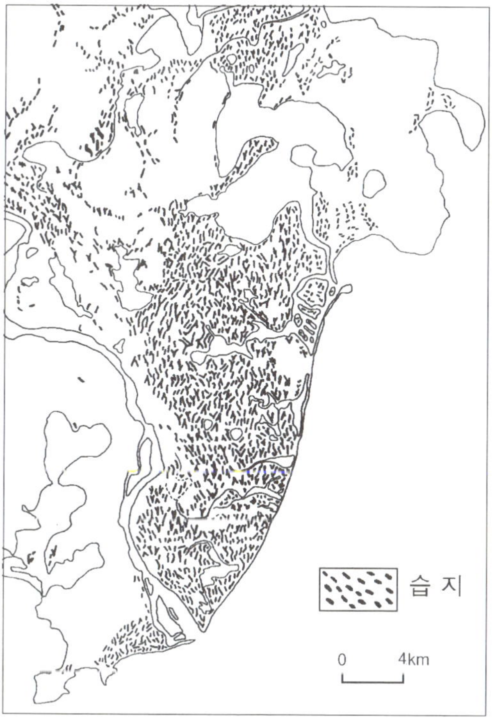

그림 3-11 습지의 분포

그림 3-12 늪지대의 겨울 경관

마다 유기물질이 쌓여 이탄층이 형성될 수 있다. 두만강에 의하여 운반된 사질 퇴적층에 이루어진 늪임에도 불구하고 이탄층이 발달되어 있는 것은 이러한 조건들과 관련되어 있다. 또한 늪은 침식받기 쉬운 낮은 지대에 이 루어졌고 주기적인 하천의 범람으로 인하여 새로운 토사가 늪에 흘러들기 때문에 이탄의 분해 과정이 촉진되어 고원지대의 이탄과 다른 특성을 가지고 있다.

③ 토양, 식생

러시아 토양 구분에 따르면 이 지역의 토양은 하산 해안 평야 지구에 속하는데 그 특성은 북한과의 경계에서 러시아 수하야(Sukhaya) 강까지 이른다. 이 토양대는 해안평야를 포함하고 평야지대 내에서는 암석을 덮고 있는 하천 퇴적물, 해안 퇴적물, 그리고 저지산지나 언덕구릉지대, 산지 끝자락 범위에서는 쇄설성, 비하천성 퇴적물질을 모재(母材)로 하여 발달되었다.

토양은 매우 다양하다. 평야지대 내에서는 초지 글레이(gley)토, 이탄(peat)와 글레이-이탄(peat-gley) 토양인데, 알칼리성 토양을 포함한다. 다른 곳에서는 황색과 갈색 토양인데, 블리치트(bleached), 토탄질의(turfy) 갈색 산악성 삼림갈색 강산성 토양이다. 하산 지구 토양 분포 면적 통계에 의하면 산악 삼림 갈색 산성 토양, 황갈색, 토탄질의 갈색 토양은 37%를 차지하여 주를 이루며, 황갈색 블리치트 토양과 토탄질의(turfy) 갈색 토양은 23%에 이른다. 해안지역은 34%가 초지 글레이 토양, 글레이-이탄 토양과 습지(marsh)이다. 토탄(turf)으로 덮인 범람원 토양은 전체의 6%를 차지한다.

두만강 하류 평야에는 사초를 비롯한 습생식물이 분포한다. 늪은 지하수나 지표수의 함양을 받는 저위 늪으로 식물의 영양물이 잘 공급되는 곳이기 때문에 화분과 식물 특히 갈줄, 갯그렁, 들피 등이 많다. 목본 식물이 드물게 주위보다 약간 높은 곳에 분포하는데 인간 거주에 따른 것으로 여겨진다.

버드나무, 버들, 오리나무와 물푸레나무 등은 중류와 물이 있는 하천 곡에서 널리 퍼져 있다. 오리나무는 하천과 수로를 따른 물길의 둑을 따라서 좁게 띠를 이루며, 물로부터 떨어진 곳에서는 버들가지, 물푸레나무, 황벽나무, 호두나무가 성장한다. 하천 수로 가까운 곳, 작은 원력(pebble)들이 있는 곳에서는 버드나무(새양버들)가 나타난다.

하안단구에는 포플러 버들, 물푸레나무, 단풍나무, 쥐똥나무, 오리나무, 과불나무, 쉬땅나무, 불두화나무가 발달하여 있다. 초본 중에서는 양치, 향부자(참방동사니)가 우세하며, 물푸레나무는 드물다. 호두나무와 아무르 코르크나무(황벽나무)는 하곡 삼림에서 관찰된다.

하곡 삼림에서는 다양한 식물 군락으로 구성되어 소위 잎이 넓은 삼림을 형성하는 곳이다. 오리나무는 다른 오리나무 속, 버들, 포플라, 호두, 황벽나무, 물푸레, 단풍나무와 쥐똥나무 등과 함께 광범위하게 분포한다. 쉬땅나무, 과불나무, 불두화나무는 저층 식물 상에서 우세하게 나타난다. 초본 식생 피복에는 당개지치, 미나리아 등이 있다.

일본오리나무는 하천 곡의 늪지에 특히 바다 쪽으로 면한 곳에서 있다. 오리나무가 저층 식생이어서 덤불은 없으나 주위에 다양한 풀이 자라고 있다. 습한 환경에 전형적인 종들로서 산새풀, 불억새, 안젤리카 등이다.

싸리나무와 개암나무 덤불은 삼림 벌채나 산불 후에 남게 되는 상당한 지역을 점유한다. 싸리나무 덤불 산조풀, 사초, 초롱꽃(도라지), 약쑥과 함께 나타날 수 있다. 개암나무 덤불은 싸리나무와 연계되어 나타나기도 한다. 암석이나 바위가 노출되는 곳에서는 고광나무, 병꽃나무, 말발도리 덤불들이 나타난다. 고사리는 초지 피복에서 우세하고 모란도 몇몇 곳에서 우점종으로 나타난다.

볏과초본을 비롯한 혼성 초지는 하곡과 경사지에서 나타난다. 이곳의 초지는 산새풀, 산조풀, 둥굴레, 패랭이, 도라지와 기타 식물들로 구성되어 있으며, 참억새로 구성되어 있는 초지(meadow)는 고위 단구와 완만한 경사지에 나타나는데 갈대와 도라지도 이러한 초지에 함께 나타난다.

사초와 갈대 초지는 하천과 수로에 잘 나타난다. 개발나물, 마디풀, 유리수염갈래꽃, 금매화가 동반된다.

물억새는 늪 초지에서 우세한 종인데 때에 따라서는 몇몇 곳에서 산새풀이 우세하다. 사초를 포함한 초지 피복이 우세한 곳에서 개발나무, 유리수염 갈래꽃, 털부처꽃, 오이풀 같은 종이 같이 자란다.

갈대 초지와 혼성. 늪 초지는 하천 하류와 바다 연안에 형성되어 있다. 이러한 초지 피복은 많은 종으로 구성되어 있으며 산새풀, 물억새, 붓꽃, 송이풀이 자라고 있다. 덤불 초지, 산새풀, 작은 갈대, 물억새 등이 우세한 갈대 군락은 지속적인 수분 공급이 되는 저지에서 형성되었다. 산새풀 덤불은 소규모 고립 구릉에서 성장하고 있다.

혼성 초본과 볏과 초지는 하천 단구와 산록에서 생장한다. 초지 피복은 사초, 개억새, 야생호밀, 개미취로 구성되어 있다. 사초와 갈대 늪 초지는 지속적인 물 공급 지역에서 형성되는데 주로 하천 하구에서 형성된다.

④ 생태 경관

두만강 하류지역은 기후적인 요인은 중온성(中溫性) 혹은 상온성(常溫性), 건조성(乾燥性) 식물 군락 지역으로 규정되나, 하천, 바다 그리고 낮은 산지의 결합으로 인하여 상대적으로 협소한 범위이지만 다양한 생태적 환경을 이루고 있다. 또한 한국, 중국, 일본 지역과 연계되어 많은 다른 식물 종의 유입과 전래에 의하여 형성되었으며, 몇몇 유입 식물 종은 이곳에서 우점종이 되기도 하였다. 경관의 유형을 보여 주는 것은 이러한 우점종이다. 위에서 언급한 요소들은 이 지역 경관 다양성을 나타낸다. 이 지역은 우선 지형적인 조건에 의하여 크게 평야와 낮은 산지 2개의 유형으로 구분할 수 있으며, 평야 경관은 다시 5개의 유형으로 구별된다. 한편 이러한 경관들은 인간 활동의 영향을 받고 있다(5장 그림 5-9, 5-13 참조).

이 지역에서의 평야 경관은 다음과 같이 나타난다.

- 퇴적 해안 사구 경관: 사질 토양에 다양한 벼과 초본식물로 덮여 있는 곳이다. 러시아 지역 페샤나야(Peschanaya), 멜코보드나야(Melkovodnaya), 나

르바(Narva), 페레포츠나야(Perevoznaya), 세베르나야(Severnaya) 만과 그 외 작은 만에서부터 두만강 하구까지 협소한 해안을 따라서 띠 모양을 이루며 나타난다. 식생군은 해양성으로서 한발에 강한 종으로 구성되어 있다. 대표적인 것으로는 해당화, 갯보리, 히스(키 작은 해당화), 함초, 스위트피, 갯활량나물, 세멘시나 등이다.

- 저위 해안 단구 경관: 모래와 해안 원력, 점토와 토탄으로 이루어진 저위 단구에 형성된 것이다. 늪지 토양이 형성되어 있고, 주로 다양한 갈대-사초로 구성되어 있다.
- 퇴적성 삼각주 해양성 경관: 이 유형은 강 하구에 전형적으로 발달하는데 러시아 연해주 하산 지구 케드로바야(Kedrovaya), 암바(Amba), 바라바세바(Barabasheva)와 나르바(Narva) 강 그리고 두만강 하구에서 잘 관찰할 수 있다. 지형적으로 개석이 약하게 진행되어 있고, 주기적인 강수나 범람으로 늪지가 된다. 초지 늪 토양이 형성되고 여기에 사초, 갈대나 다양한 볏과 식물로 구성되어 있다.
- 하곡과 범람원 경관: 하천 범람원에 형성된 경관으로 주기적으로 수분이 공급되는 곳으로 갈색 삼림토양 혹은 늪 토양이 형성되고 식생은 사초, 갈대 목초, 버드나무 관목 덤불, 벚나무와 포플러가 성장한다. 범람원 부분은 수위가 높아지면 물속에 잠겨 몇몇 곳에서는 늪지화된다. 범람원에서의 식생은 하천 수로와 물길을 따라서 하류에서부터 상류로 띠 모양을 이루며 길게 펼쳐진다. 산지 부근 하천에서는 토양 유실이나 침식 등과 같은 수문체계가 범람원과는 다르기에 다소 다른 식생 경관을 보여 준다. 새양버들, 버드나무 관목, 사초와 갈대가 분포한다. 하곡 지역 중에서 홍수에 영향을 받지 않는 곳에서는 토양 기층의 발달과 함께 버드나무와 새양버들이 자라며, 이들이 사라지는 곳에서는 느릅나무, 들메나무, 포플러가 나타난다. 이러한 식생의 천이는 하천 과정이나 인간 활동에 의한 간섭으로 중단되기도 한다.
- 잔여 해안 구릉(고지): 해안을 따라서 널리 퍼져 있는 고립 구릉들로 이

지역의 고유한 경관의 하나다.

저지 산지 경관은 두만강 하류지역에서 평야 부분을 제외한 지역이다. 낮은 산지는 동부 체르네 산등성이(Chernye Gory Ridge)와 같은 경관을 나타낸다. 낮은 산지성 해안 경관은 주로 사암, 유동나무(aleurites), 응회암으로 구성되어 있다. 암석은 팔레오세(Paleocene)와 중기 고생대 시기의 것이다. 이러한 경관은 페차니(Peschany), 인코프스키(Ynkovskii) 반도에서 보여진다. 고도는 낮은 산지이며 타원형이다. 이곳에 분포하는 식생은 갈색 삼림 포드졸 토양의 기반 위에 떡갈나무(quercus mongolia), 개암나무와 싸리나무 등이 대표 종이다. 떡갈나무는 척박한 토양의 배수가 좋은 햇빛이 잘 드는 곳에 나타난다. 이들 식생은 개체 수 감소의 초기 단계다. 관목과 떡갈나무 새순이 나무 사이의 공간을 차지한다. 풀은 우점종 초본과 여기에 추가되는 다양한 초본으로 구성되어 있다. 불에 기인하여 나무 개체 수는 감소하는 반면 풀의 역할은 증대되기도 한다. 식생 피복이 사라진 곳에서는 토양이 침식된 사면이 나타난다. 해안 쪽으로는 파도의 영향으로 기반 암석 노출되고 토양 발달이 미약하며 식생 피복이 매우 약하며, 밀생 식생군집이 없는 곳도 있다.

4. 녹둔도 자연환경의 의미

녹둔도는 생물 다양성을 나타내는 두만강 하류지역의 일부이다. 주어진 지역에서는 짠물과 민물 호소, 많은 물길과 저속 하천, 모래, 작은 원력, 하중도 및 해양성 섬과 두만강의 하구(estuary)가 있는 곳으로 이러한 다양성을 유지하기에 매우 좋은 자연 조건을 가지고 있다.

식생과 관련하여 녹둔도에는 스텝성 혼성 초지, 억새, 물억새 등의 볏과 초지, 실새풀, 산조풀과 같은 저지 사초 늪이 나타난다. 갈대밭이 산재하며,

고정된 고사구와 그곳에 나타나는 장미과 식물, 덤불 등은 전형적인 모습이며, 몇몇 곳에서는 하곡 광엽 삼림이 참나무(떡갈나무) 숲과 함께 나타나기도 한다.

러시아의 멸종위기 생물조사 자료(red data book of Russia)에 기록된 60종의 희귀 유관속식물이 이곳에서도 나타난다. 연, 철쭉이 많은 호수에 자라고 있다. 여기서 자라는 칡은 러시아 고유종으로 알려져 있다.

36종의 조류가 이곳에서 출현하는데, 모두 러시아 멸종 위기 보호 생물종에 포함된다. 이러한 이곳의 다양한 생물의 출현은 습지의 다양성과 고위 생산성에 있다. 학과 두루미는 계절 이동 중 이곳에서 휴식을 위하여 잠시 머문다. 100~200종의 무리가 기록되었다. 두루미는 약 한 달간 봄철 3~4월 이곳에 머무는데, 결빙 상황에서 죽는 붕어를 먹이로 사용한다. 가을철에는 학이 이 지역을 찾는데, 상대적으로 두루미에 비하여서는 머무는 시간이 짧고 개체 수는 적다. 추정에 의하면 이 지역의 습지(wetland)가 전 세계 두루미 개체 수의 15~20%를 부양한다고 한다. 또한 독수리, 흰꼬리수리, 참수리, 쇠황조롱이와 같은 맹금류의 겨울나기 지역이다(Litvinenko, shibaev, 1996). 짠물과 민물이 교차하는 호수는 흰죽지 오리가 선호하는 서식지이며, 펼쳐진 광대한 해안 평야는 점박이멧새의 서식 지역이다.

두만강 하류 습지에 서식하는 주요 포유류는 노루, 사슴, 여우, 너구리, 오소리, 살쾡이 등이다. 양서류와 파충류의 서식처도 이곳에 있다.

이곳의 해양성-연안 생물 복합체는 습지와 해안생물을 나타내는데, 조개, 해초, 조류 등이다. 페터 대제 만에는 러시아 연해주 멸종 위기 보호 생물 중에서 18개의 어류가 포함되어 있는데, 그중 5개의 어종이 두만강 하구에서 서식하고 있다. 이 종들은 보스라고누스줄고기(Bothragonus occidentalis), 물메기(Liparis tartaricus), 무늬가시치(Neozoarces pulcher), 벼슬베도라치(Alectrias cirratus), 얼룩괴도라치(Ascoldia variegate)이다.

두만강 하류 지역 생물 다양성과 관련하여 지질적 · 지형적 형성과정은 이러한 자연 형성 요소 중의 하나로서 녹둔도는 이 지역의 형성 과정을 밝히는 데 있어서 중요한 핵심 지역 중의 하나다.

한편 녹둔도의 인문적·역사적 논의와 관련하여 자연과학적 연구 성과가 그 바탕이 될 수 있으나 구체적인 과정과 시기를 알 수 있는 퇴적과 층서에 근거한 지형적·지질적인 연구성과가 많지 않다. 그러나 현재까지의 결과를 토대로 녹둔도의 형성과정과 지형적 의미를 다음과 같이 요약할 수 있다.

일반적으로 큰 하천은 단일 유로를 유지하다가 하구에 이르면 여러 갈래의 분류를 형성하고 분류로 둘러싸인 많은 하중도를 갖는 삼각주를 이루는 것이 보통이나 두만강 하류에는 낙동강이나 압록강과 같은 현저한 망류나 많은 하중도 등이 나타나지는 않는다. 그러나 녹둔도도 두만강에 의하여 운반된 물질들이 연안류와 파랑과 같은 바다의 작용에 의하여 하구에 쌓이면서 형성된 삼각주 혹은 퇴적 평야의 일부라고 할 수 있다.

즉 녹둔도는 두만강 하구에 형성되어 있는 삼각주 평야의 일부로서 두만강 삼각주는 지질적으로 중생대와 제3기 이래의 지구조 운동에 의하여 형성된 구조분지로서 그 후 두만강 유역에서의 침식작용으로 퇴적물이 쌓이고 매몰되는 과정을 거치면서 그 기반이 이루어졌고, 이후 두만강에 의한 퇴적과 개석의 반복적인 과정과 하천에 의하여 운반된 토사가 파랑과 연안류에 의해 해안선을 따라서 운반되고 만과 사빈에 의하여 쌓이면서 형성되었다. 또한 이 과정 중에 여러 차례 기후 변화에 의한 해수면 변동과 지형 형성 작용의 변화가 동시에 있었다.

현재까지는 두만강의 유로가 현재처럼 단일 주하도 체계를 유지하면서 삼각주 형성과정에 유로가 변화하면서 현재의 평야와 하천체계로 형성되었는지, 혹은 최소한 2개의 이상의 주된 유로를 근간으로 형성되면서 어느 시기에 기후변화 및 강우량 감소로 인하여 현재와 같은 단일 주하도로 변화하였는지에 대한 단언할 만한 자료를 제시할 수 없다. 그러나 공동 러시아 연구 연구팀의 결과를 보면 고 플라이스토세에 두만강 하류지역에 3개 정도의 하곡이 있었던 것으로 추정하고 있다. 즉 연대측정이나 기타 자료의 부족으로 하도 형성시기, 2개 이상의 주된 하도가 있었다면 어느 시기이며 얼마나 유지되었는지에 대하여 시기를 확정할 만한 분석 자료가 부족하다. 그러나 여기에서의 3개의 광대 하곡 관련 논의는 역사적으로 거론되는 녹둔도 관련 러시아 쪽으로의 연결 혹은 분류의 폐쇄 등과는 직접 연계되지 않는 지질시대 문제다.

그러나 녹둔도의 섬이라는 명칭과 관련하여 추측하여 볼 수 있는 것은 두만강 삼각주가 어느 특정한 시기에 물길의 갈라짐에 의하여 당시에는 섬으로 존재하였으나 그 후 두만강이 유량변화, 침식과 퇴적 상태변화와 같은 여러 원인에 의하여 현재의 단일 유로로 통합되면서 섬의 특성을 잃게 되었지만 지명은 계속 녹둔도, 녹도로 불리게 되었다는 것이다. 한편 이와는 다른 설명으로 강우가 많은 여름철 홍수나 범람에 의하여 삼각주 평야 일부 지역이 주기적인 침수나 낮은 곳이 배수로가 되면서 고립되어 섬으로 인식되었을 가능성도 있다.

역사 기록에 나타난 근거를 기준으로 한다면 두만강의 분류에 의한 2개의 하도가 있었던 시기를 추정할 수도 있다.

한편 녹둔도와 관련하여 19세기에 연륙되었다고 표시한 백과사전 등의 설명과 지도에 표시된 녹둔도는 구하도 7의 레베디나야(Lebedinaya) 강의 폐쇄를 지칭하고 그에 따른 개략 지도를 그린 것으로 추측되어 조선 초기부터 의미하던 녹둔도는 아니라고 여겨지며, 또한 일부에서 주장하는 것처럼 녹둔도를 포함한 해안 평야지역이 10세기부터 18세기에 걸쳐 형성된 것은 아니다.

제4장

녹둔도의 국경도시 하산(Khasan)

1. 국경도시 하산의 출현

러시아 인들이 연해주 지역을 포함한 극동지방에 대해 최초로 알게 된 것은 1650년대 카자크(Kazak) 인들로부터 기인하였다고 전해진다. 그로부터 200여 년이 지난 1860년 북경조약 및 1861년 청나라와 러시아 간에 맺어진 흥개호계약(興凱湖界約)으로 우수리 강 동쪽의 연해주 지역이 완전하게 러시아 영토로 편입되었다. 이로써 연해주의 최남단에 해당하는 하산 지역은 당시 조선·청·러시아 3국의 영토가 접경하게 되었다. 흥계호계약 이후 청-러 양국은 협약에 따라 양국의 국경을 구분하기 위해 우수리강 합류점에서부터 두만강구(豆滿江口)에 이르는 광활한 지역에 경계비를 세우게 된다. 그중 하산지역에는 토자비(土字碑)가 세워지게 되었다[1](그림 2-12와 4-1 참조).

---

1 청-러 양국은 흥개호계약에서 합의한 대로 우수리 강 합류점에서부터 두만강구에 이르는 광활한 지역에 경계비를 세우게 되었다. 먼저 국경 交界圖에 국경 경계선을 적색으로 표시하고 기준이 되는 지점에 木碑를 설치하였는데 당시 이러한 기준지점이 총 8곳에 달하였다. 경계비 설치는 1861년 6월에 白陵河口 지점에 喀字비(K)를 건설한 것을 시작으로 7월 13일에 赤字비(I)를 세우고, 7월 19일에 耶字비(E), 8월 9일 拉字비(JI)와 那字비(H), 8월 27일 倭字비(O)와 帕字비(π), 그리고 마지막으로 양국은 9월5일에 土字비(T)를 두만강 좌안 해안으로부터 20리 되는 지점에 세웠다. 그 후 1886년 4월에 양국 간 합의로 회합(琿春界約)을 개최하여 1861년 흥개호계약 직후 설치된 경계비 중 토자비(T)의 위치가 잘못되어 있음을 확인하고 조문과 합당한 위치에 土字石碑를 설치하기로 합의하였다. 또한 토자비의 최종위지도 중국 훈춘현 上臥峰西北山麓으로 우리나라 경흥읍 용현동 두만강 대안에 놓이게 되었다(金炅春, 1985, 「韓露國境線形成問題考」, 『현암 신국주박사 화갑기념 한국학논총』, 동국대학교 출판부; 金炅春, 1990, 「두만강하류역에 있어서의 국경분쟁」, 『동국사학』, 19·20, 421-465쪽).

그림 4-1 북한 · 중국 · 러시아 3국의 경계비(1999년 건립)

역사적으로 하산이 위치해 있는 연해주 동남부 일부지역은 발해의 강역(疆域)에 포함되었던 곳으로, 이러한 사실은 연해주 지역에 산재해 있는 발해 유적에 관한 연구에서 확인할 수 있다. 연해주 지역의 발해관련 연구 중에서 주목되는 것은 러시아 역사학자인 빨라지 까파로프가 1870~1872년 러시아 지리학회의 재정적 지원을 받아 연해주 우수리스크 등지를 답사하여 그곳에 남아 있는 유적들이 대부분 발해시대의 것으로 확신하는 연구결과를 발표한 것이 있다. 그의 연구결과에서 중국과 한국, 일본의 사료를 토대로 크라스키노(Kraskino)에 발해시대의 항구 유적이 있을 것으로 추정하였는데, 실제로 그 뒤에 발해의 항구도시였던 성터가 크라스키노의 인근지역에서 발견되기도 했다. 이로써 까파로프는 실제 사료를 근거로 하여 연해주에 발해 유적이 존재한다는 것을 증명한 최초의 인물이라고 볼 수 있다.[2]

발해시기 이후에도 연해주 지역은 한인들과 관계가 깊은 곳이다. 특히 조선시대 초기 육진의 개척과 함께 두만강 연안의 영토가 우리나라로 복속된 이후, 관북지방의 주민들이 두만강을 건너 연해주 최남단에 해당하는 우수리 이남지방에 빈번하게 왕래한 기록들을 쉽게 살펴볼 수 있다. 그리고 연해주가 1860년 청 · 러 간 북경조약으로 러시아 영토가 되기 이전에도 연해주지역의 블라디보스토크와 우수리 지방에 한인들의 도래 현상이 많이 있었다. 이 시기의 한인들은 대부분 봄철에 두만강을 건너 연해주로 들어가 농사를 짓고 가을철에 추수가 끝나고 다시 돌아오는 한시적 · 계절적 이동 경작민에 불과했다고 볼 수 있다.[3]

그렇지만 1861년 흥개호(興凱湖)계약에 따라 연해주 지역에 대한 조선 · 청 · 러시아 간 국경이 획정된 이후 연해주 지역에 한인들의 정착촌이 형성

---

2 송기호, 1996, 「연해주의 발해유적 연구동향」, 『아시아 문화』, 12, 93-116쪽.
에. 붸. 사브꾸노프(송기호 · 정석배(역)), 1996, 『러시아 연해주와 발해역사』, 민음사, 232-238쪽 참조.

3 高承濟, 1973, 『韓國移民史硏究』, 장서각, 57쪽.
반병률, 2003b, 「러시아 최초의 한인 마을 地新墟」, 『한국근현대사연구』, 26, 한국근현대사학회, 215쪽.
이상근, 1996, 『韓人露領移住史硏究』, 탐구당, 34쪽.

되기 시작했다. 특히 1860년대 극심했던 북한지방의 기근으로 말미암아 수많은 한인들이 무리를 지어 두만강 하류를 건너 연해주 남부 포시에트(Posyet) 연안에 정착하여 황무지를 개척하기 시작하였다. 1863년 포시에트 구역의 지신허(地新墟)에 한인마을이 형성된 것을 시작으로,[4] 1867년 하얀치헤와 상얀치헤, 시디미, 케드로바야 파드, 1868년에 니콜라예프카(수찬 구역), 1869년에 바라노프카(Baranovka), 1871년에 파타쉬, 1872년에 아디미(Adimi), 1874년에 크라스노예 셀로(Krasnoe Selo)가 건설되었고, 1879년에 암밤비(Ambambi), 1880년에 자레치예(Zareche), 랴자노프카(Riazanovka), 1882년에 크라베, 1884년에 페스찬나야(Peschanaia)와 클레르크(Klerk), 1885년에 몬구가이 등이 새롭게 형성되었다. 또한 수이푼(Suifun, 秋豊) 지역에도 1869년 크로우노프카(Krounovka)가 만들어졌고, 1870년에 타우데미(Taudemi), 1890년에 이르러서는 안드레프카(Andrevka)에도 각각 한인마을이 생겼다.[5]

그 가운데 하산은 포시에트 관구(管區)에 속한 마을로 1874년에 형성되었으며(그림 4-2), 당시 나고르나야(Nagornaya, 下臥峰)로 불렸고, 인구는 25가

그림 4-2 하산 하와봉 산록과 주변 촌락

4 현재 한국과 러시아 학계에서는 무산의 최운보와 경흥의 양응범 두 사람이 이끄는 함경도 농민 13가구가 1863년 월경을 엄금했던 국법을 어기고 목숨을 걸고 두만강을 건너 지신허에 정착한 것을 최초의 한인 이주로 간주하고 있다(반병률, 2003b, 「러시아 최초의 한인 마을 地新墟」, 『한국근현대사연구』, 26, 215쪽).

5 김승화(정태수 편역), 1989, 『蘇聯韓族史』, 대한교과서주식회사, 26-27쪽.
長永義正, 1932, 『朝鮮人の間島』, 大阪屋號書店, 36-37쪽 참조.

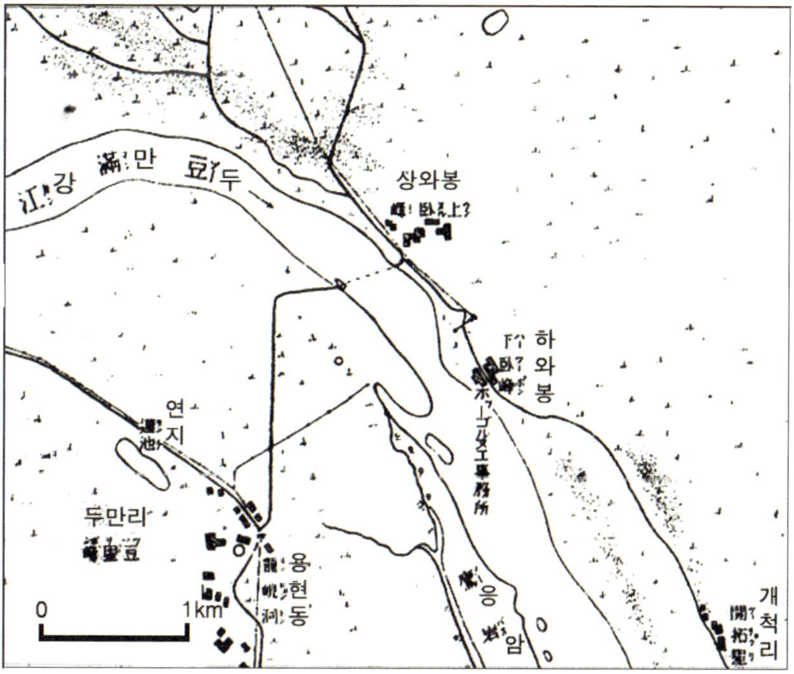

한글 지명은 재편집 삽입한 것임.

그림 4-3 1926년 일제 하에서 제작된 1/5만 지도상의 하산 부근

구의 153명(남 78인, 여 75인)이 거주하고 있었다.[6] 두만강변 도진취락으로서의 하산의 기능은 1911년 7월에서 1913년 10월까지의 '도문강어업에 관한 일로협약체결[圖們江漁業に日露協約締結]'에 나타난 기록을 통해서 살펴볼 수 있다. 당시 두만강 어귀에 위치한 도선장은 용현(龍峴)~와봉(臥峰, 현재의 하산), 조산(造山)~와룡(臥龍), 토리(土里)~작포도(雀浦島) 등 세 곳이 있었다. 특히 와봉은 세 곳 중에서는 가장 규모가 큰 취락이 발달해 있었던 곳으로, 이곳에 수출입하는 가축의 검역소가 설치되어 있었으며, 아울러 국경 내왕인들에 대한 단속도 이루어졌던 것을 통해 확인할 수 있다(그림 4-3).

6 톰스크 문서보관소 소장, 프리모르스키 주 러시아인, 한인 이주민들에 대한 인구수 및 분여토지량 자료에 근거(이상근, 1996, 『韓人露領移住史研究』, 탐구당, 281쪽).

그리고 1926년 일제에 의해 제작된 지도상에는 현재의 하산 지역에 상와봉(上臥峯)과 하와봉(下臥峯)으로 표시된 취락이 위치하고 있다. 일제강점기에도 경흥군의 용현동과 연결되는 도선장이 위치하여 도진취락(渡津聚落)으로 발달한 곳으로 조선과 연해주를 연결하는 통로의 기능을 가지고 있던 곳이다.

이후 1931년에 제작된 러시아 지도상 하산 시의 북쪽에 위치한 호수의 이름이 '하산'으로 표기되고(그림 4-4), 또한 1938년 청 · 러 간 국경에 위치한 장고봉(張鼓峯, 157m)에서 러 · 일 간 벌어진 전투를 '하산 호' 전투[7]라고 명명하고 있는바 러시아에서는 이 지역을 점령한 이후 '하산'으로 부르고 있음을 알 수 있다. 그렇지만, 현재에도 하산 시내의 주거지 명칭에는 상와봉이란 뜻의 '포드고르나야(Podgornaya)', 하와봉이란 의미의 '나고르나야(Nagornaya)'가 통용되고 있다.

---

7 장고봉국경분쟁 또는 장고봉사건이라고도 불린다. 하산 호 전투의 주무대가 되었던 장고봉은 동서 간 전망이 좋아 동쪽으로는 포시에트 만 일대의 해역이 관측되고, 서쪽으로는 우리나라와 당시 만주를 연결하는 철도를 감시하는 데 매우 좋은 지점이었다. 이 장고봉지역의 국경은 청-러 간 연해주 할양을 약정한 1860년 북경조약 및 그 이후 추가로 맺어진 훈춘계약에 의하여 정해져 있었다. 그러나 청조말기 중국의 정치적 혼란이 계속되는 가운데 러시아가 만주지역으로 세력범위를 확대하고자 하는 상황에서 홍개호에서 두만강구에 이르는 국경은 면밀하게 획정되지 못하고 있었는데 그중 두만강 연안의 장고봉지역도 대표적인 지역이었다. 더욱이 일본군의 대륙침략에 의하여 간도에 만주국의 건국이 이루어지자 구 청-러 간의 국경이 당시 소련-만주국 간의 국경으로 변하였기 때문에 그 한계가 극히 불명확하게 되어 버린 것이다. 하산 호 전투는 당시 일본참모본부가 주장하는 장고봉지역에서의 국경선이 장고봉과 장지(하산湖) 동쪽에 위치하고 있으므로 장고봉은 만주국의 영토라고 주장하고 있는 상황에서 1938년 7월 9일 러시아 병사가 장고봉 산정부에 나타나 군사용 진지를 구축함으로써 발단이 되었다. 7월 30일 일본군과 소련 간에 치열한 전투가 벌어졌으며, 일본군의 공격개시 3시간 만에 일본군이 소련군을 격퇴하고 장고봉을 점령함으로써 전투는 끝이 났다. 이후 8월 초 일본과 소련은 훈춘계약에 의한 국경선을 기준으로 일정거리인 상호 1km씩 후퇴한다는 정전안을 수립하고 조기정전에 합의하기에 이르렀다(金炅春, 1985, 「韓露國境線形成問題考」, 『현암 신국주박사 화갑기념 한국학논총』, 동국대학교 출판부; 양태진, 1991, 「두만강 하류지역의 '핫싼' 경제특구 설정설과 토자비에 관한 논고」, 『북한학보』, 15; 양태진, 1992, 『한국의 국경사 연구』, 법경출판사).

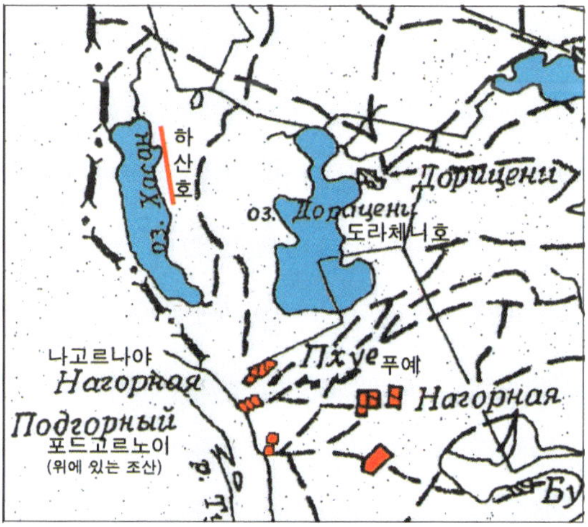

러시아 연해주 포시에트 구역
상의 하산 지역(1931년 지도)

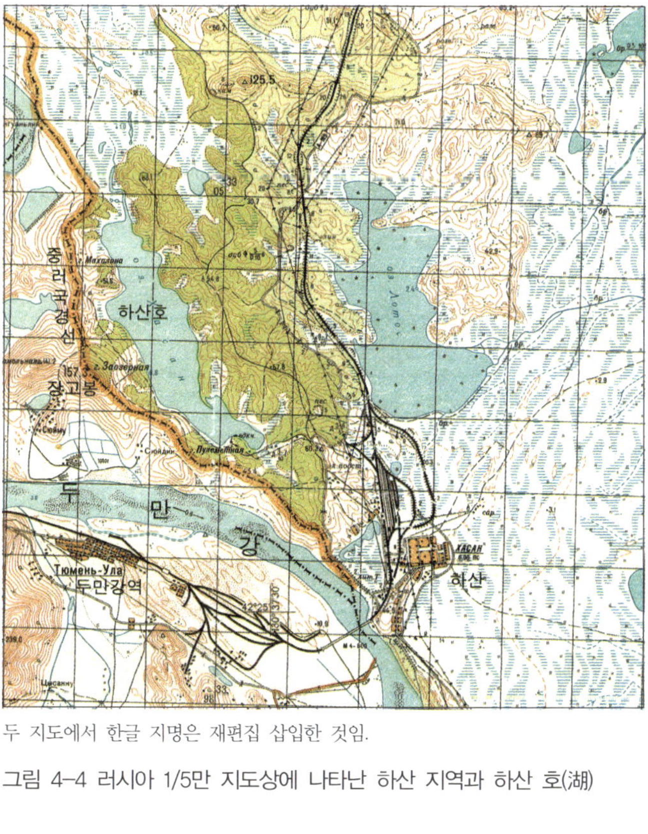

(1983년 지도)

두 지도에서 한글 지명은 재편집 삽입한 것임.

그림 4-4 러시아 1/5만 지도상에 나타난 하산 지역과 하산 호(湖)

2. 군사 · 교통요지로서의 하산

하산은 북한, 중국, 러시아가 접경하고 있는 두만강 하구의 러시아 영토에 위치한 소규모의 국경지역이다. 현재 이곳은 변경지역(邊境地域)이기 때문에 군사적 기능의 취락과 국경을 통과하는 여객 및 화물의 운송을 위한 교통기능의 취락이 발달해 있다. 그러나 하산은 국경을 접하고 있는 지역이기 때문에 러시아 일반인들의 출입까지도 엄격하게 통제되고 있는 곳이다.[8]

국경의 기능이 국가 간의 배타적이고 분리적 성격이 강한 만큼 하산 지역은 과거부터 지정학적으로 삼국 국경지대로서 분리기능이 강한 지대이다. 이 지역은 오래전부터 조선-청나라, 조선-러시아, 청나라-러시아 간 국경분쟁이 빈번하게 일어났던 곳이기도 하다.

중국은 1860년 북경조약 체결 이후 두만강 하구지역의 영토를 상실하면서부터 두만강 하구의 운항에 대해 적극적인 반응을 보이면서 끈질긴 교섭을 벌여 러시아와 1886년 훈춘계약(琿春界約)에 의해 하천운항 승인협조를 받기는 했으나 실효를 거두지 못하였다. 이는 러시아의 연해주일대의 점유와 함께 이 지역이 군수기지 내지 군사요충지로 개발되면서 주변국 국민의 접근을 통제해 왔고, 일제강점기에 러시아가 일본군과 대치함으로써 적대관계가 형성되어 하산 지역이 두 국가의 대치지역의 제1선이 되었기 때문이다. 러-일 간 국경분쟁은 1938년 하산 전투(일명 장고봉사건)와 같은 무력충돌의 형태로 표출되었다. 하산 전투는 일제 강점시기 이 지역에서 발생한 가장 큰 영토분쟁 사건이라고 할 수 있다. 이 전투의 발단은 장고봉을 포함한 하산 지역이 지니고 있는 군사적 가치가 그 원인이 되었다고 볼 수 있다. 당시 장고봉은 전망이 좋아 동쪽으로는 포시에트(Posyet) 만 일대의 해군기지를 감시할 수 있고, 남쪽으로는 두만강 어귀와 동해안의 감시가 가능하며, 서북쪽으로는 나진으로부터 만주로 연결되는 한-만 국경철도를 내려

8 특히 하산에 출입하는 외국인은 포시에트에 소재하고 있는 국경수비대 사령부에 반드시 출입하는 목적을 알리고 사령부로부터 출입허가를 받아야 한다.

다 볼 수 있는 뛰어난 전략적 위치해 있기 때문이다. 현재에도 하산 지역은 전략적으로 요충지이기 때문에 3국의 정치적 관계가 악화되면 제일 먼저 영향을 받는 곳이기도 하다.

그러나 한편 접경지역은 순기능적인 측면에서 국가 간에 가장 쉽게 접촉할 수 있는 특성을 지니고 있기도 하다. 국가 간의 정치적 우호관계가 지속되고 인적 · 물적 교류가 빈번하게 이루어지는 상황이면 양 국가 간에서 접경지역이 가장 활발한 움직임이 나타나는 지역이 될 것이다. 접경지역의 각 지역은 각각의 장점을 특화시키고, 단점을 보완해 나간다면 강력한 경쟁력을 확보한 지역으로 새롭게 변모할 수 있다. 하산 지역도 접경당사국들인 북한-중국-러시아 간의 접경지역으로서 긍정적인 측면에서 유리한 조건을 갖추고 있다. 특히 해상을 통한 교역상의 이점을 가지고 있기 때문에 주변국인 우리나라와 일본과의 연계망 구축에 상당히 유리하다. 이러한 입지 특성 때문에 1990년대 초반 하산 지역을 포함한 두만강 하류지역에 UNDP의 주도의 두만강 하류지역개발계획이 제시되었다고 볼 수 있다.

하산 지역이 지니고 있는 교통의 요지로서의 특성은 다음과 같다. 하산은 국경도시로서의 기능과 함께 시베리아 횡단철도(TSR)와 연결되는 철도교통의 중심지로서 중요한 기능을 하고 있다.[9] 하산이 속해 있는 러시아 프리모르스키(연해주) 지역은 총 면적이 16만 6,900km^{2}이며, 인구는 300여 만 명(2004년)으로 이 중 78%가 도시지역에 집중해 있다. 프리모르스키 지역의 주요 중심도시로는 블라디보스토크(Vladivostok), 나호트카(Nahodka), 우수리스크(Ussuryisk), 아르촘(Artyom), 포킨(Fokin) 등이 있다. 이 중 블라디보스토크는 프리모르스키의 주도이며 인구가 많은 도시일 뿐만 아니라 극동지역의 중요한 산업의 요충지이고 교통 · 문화 · 교육의 중심지이기도 하다. 또

9 시베리아 횡단철도(TSR)의 극동지방 부분은 아무르, 하바로프스크, 프리모르스키(연해주)를 통과하는 총연장 2,185km의 구간이다. 1894년부터 1898년에 블라디보스토크~하바롭스크 구간이 건설되있으며, 1912~1916년 시이에 히바로프스크-카리무스카아 구간의 건설이 완료되었다. 이 들 구간의 복선화는 1932년에 이루어졌다. 그리고 이 시베리아 횡단철도를 근간으로 하여 대도시와 탄전 등을 연결하기 위해 많은 지선이 건설되었다. 우스리스크~하산 간 구간도 하나의 지선으로 건설된 것이다.

한 블라디보스토크 시는 러시아에서 태평양으로 진출할 수 있는 유일한 부동항이다. 또한 이 도시는 러시아 아카데미 극동지역 지부가 소재하고 있으며, 12개의 고등교육 및 연구기관이 있기 때문에 높은 교육·문화적 잠재력을 가지고 있다.

블라디보스토크를 중심으로 한 연해주 경제지역의 입지특성 중 유리한 조건으로는 ① 풍부한 천연자원, ② 광활한 토지, ③ 아시아 내륙지역과의 연계망, ④ 경제특구 창출에 대한 강한 열망, ⑤ 고급 전문인력, ⑥ 적정규모의 내수시장, ⑦ 기초 및 선진과학에서의 강한 능력 등을 들 수 있다. 반면 불리한 여건으로는 ① 정치·경제제도의 무질서, ② 겨울철 혹독한 추위, ③ 경제특구 내의 소규모 노동시장, ④ 응용 및 제조기술의 취약 등을 꼽을 수 있다.[10] 유리한 조건 중에서도 세계에서 가장 지하자원이 풍부한 시베리아 지역과 인접해 있다는 점은 최대의 장점으로 평가받을 수 있다. 하산 지역은 시베리아 지하자원 개발에 따른 직·간접적인 이익을 얻을 수 있는 곳이다.

이러한 연해주 남부경제지역이 가지고 있는 입지특성에 비춰 볼 때 하산은 블라디보스토크와 철도 및 도로로 연계되어 있기 때문에 유리한 조건을 공유할 수 있는 발전 가능성이 높다. 블라디보스토크에서 하산까지 거리는 육로로 약 290km이다. 국경도시 하산에서 시작한 A-189번 도로가 우수리스크(Ussuryisk)까지 연결되는데, 하산에서 블라디보스토크까지는 A-189번 도로를 이용하여 라즈돌노예(Razdolnoe) 시까지 이동한 후, 여기에서 블라디보스토크로 연결되어 있는 도로를 이용하면 된다. 2005년 당시 블라디보스토크에서 라즈돌노예까지는 아스팔트로 완전하게 포장된 도로이지만, 라즈돌로예에서 하산까지 224km 구간 중 106km 정도는 아직 비포장도로다. 당시

10 김원, 1992, 「두만강 개발계획의 가능성과 추진전략」, 『북한』, 250, 24-29쪽.
김학수, 1993, 「두만강유역 개발구상에 대한 논의와 전망」, 『정책연구』, 93-05, 대외정책연구원.
이기석, 1992, 「러시아 극동 경제특구 지역의 입지특색에 관한 연구」, 『러시아연구』, 2, 77-96쪽.
The United Nations Industrial Development Organization (UNIDO), 1991, *Pre-Investment Study for the Establishment of a Free Economic Zone in Primorsky Region: Development Concept of Greater Vladivostok Free Economic Zone,* Vienna: UNIDO).

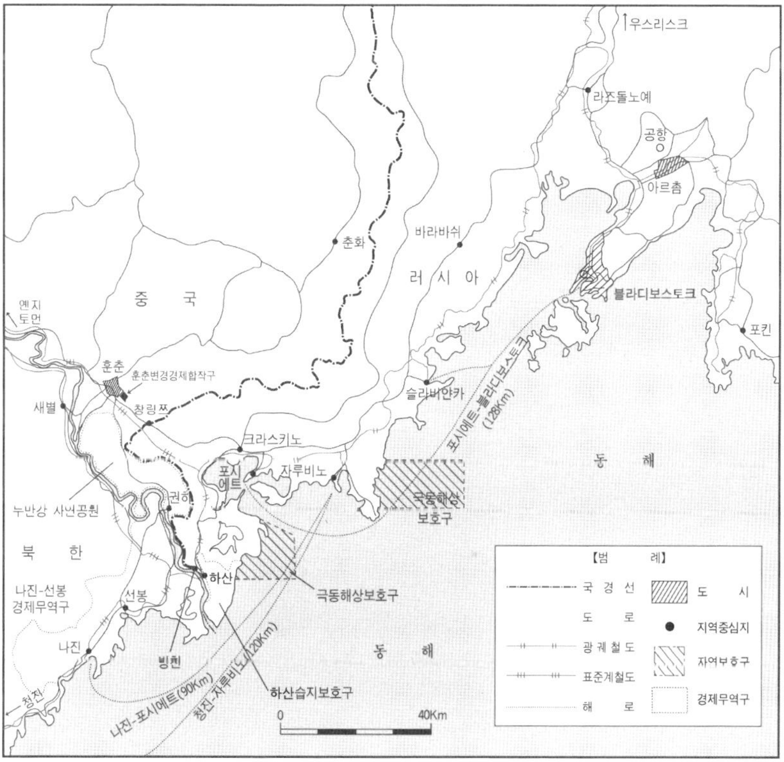

그림 4–5 두만강 하류지역의 교통연계망

이 구간의 도로는 중국과의 교역이 활발해지면서 도로포장 및 도로확장 공사가 한창 진행 중에 있다(그림 4-5).

블라디보스토크와 하산 사이에는 항구도시를 비롯한 여러 도시가 분포하고 있다. 이 중 항구도시로는 슬라비얀카(Slavjanka), 자루비노(Zarubino), 포시에트(Posyet)가 있다. 슬라비얀카는 하산 스키(郡)의 중심도시로서 과거 구소련시기에 조선 및 선박수리 산업이 발달했던 항구도시다(그림 4-6). 블라디보스토크에서 슬라비얀카까지는 매일 정기여객선이 왕복 운행되고 있다. 또한 중국 세관이 있는 창링쯔(長嶺子)까지 버스가 비정기적으로 운행되고 있다(그림 4-7). 자루비노 항은 우리나라 속초와 중국의 훈춘을 연결하는

그림 4-6 슬라비얀카(Slavyanka)의 도시 경관

그림 4-7 슬라비얀카~창링쯔(長嶺子) 간 운행버스

그림 4-8 자루비노 항 전경

중요한 항구로서 속초항과 자루비노 항 간에 정기카페리 항로가 개통되어 운항되고 있다. 이 밖에도 북한의 나진항, 청진항, 일본의 이요산꼬 간에도 비정기 화물항로가 개통되어 있다. 자루비노 항에서는 우리나라, 러시아, 중국의 일반 여객의 운송뿐만 아니라 철강 및 목재, 석탄 등의 화물이 우리나라와 일본으로 수출된다(그림 4-8, 4-9).

포시에트는 하산 지역 국경수비대 사령부가 위치해 있는 곳이다. 포시에트는 발해시기부터 일본으로 연결되는 '해상의 실크로드'라는 항로가 있었을 정도로 일본과 교류를 해 왔던 곳이다. 일제강점기 동안에도 중국의 훈춘에서부터 포시에트 항을 경유하여 일본으로 연결되는 항로가 있었으나 한인들의 강제이주와 하산 전투가 발발한 이후 1938년부터 통항이 중단되었다. 그렇지만 1990년대에 들어서 포시에트 항에서는 중국과 북한에서 운반되어 온 석탄, 목재가 일본의 아키타 간의 정기 컨테이너 항로를 이용하여 일본으로 수출되고 있다(그림 4-10, 4-11).

그림 4-9 자루비노 항의 한국선박

그림 4-10 포시에트 항의 목재 야적장

그림 4-11 포시에트 항의 석탄 야적장

그림 4-12 크라스키노(Kraskino)의 호텔 카지노

이 밖에도 내륙에는 크라스키노(Kraskino), 바라바쉬(Barabash) 등의 취락이 있다. 크라스키노는 구한말 대표적인 우리나라 항일의병 근거지로 알려져 있는 곳이며, 당시 지명은 연추(煙秋)라고 불렸다.[11] 현재 크라스키노에서는 중국과의 변경에 위치한 중국 측 세관지역인 창링쯔 지역을 통과하여 중국의 훈춘(琿春)과 연결된다. 러시아 크라스키노와 중국의 훈춘 간에는 철도와 도로교통으로 연결이 되어 있어 중국의 관광객이 이곳을 통과하여 러시아로 입국하고 있다. 현재 크라스키노에는 중국 관광객을 위한 호텔, 식당과 같은 관광 접객 시설이 급속하게 확충되고 있다(그림 4-12). 그리고 크라스키노로부터 블라디보스토크까지 연결되는 도로는 중국 훈춘과 교역량의 증가와 중국 관광객의 증가로 인해 도로 확장 및 포장공사가 활발하게 진행되고 있다. 반면 크라스키노에서 북한으로 연결되는 하산까지의 도로는 약 55km에 달하는데, 도로상황은 크라스키노로부터 10km까지만 포장이 되어

11 크라스키노는 슬라비얀카에서 남쪽으로 72km 떨어져 있는 도시이다. 구한말 '煙秋'라는 지명의 마을이었지만 연해주가 러시아의 영토로 편입되면서 노보끼예프스크로 불리우다가 1937년 하산 전투 때 사망한 러시아 군인 크라스킨의 이름을 기념하기 위하여 '크라스키노'로 개명하였다(이상근, 1996, 『韓人露領移住史硏究』, 탐구당).

그림 4-13 바라바쉬(Barabash)의 간이 휴게소

있을 뿐 나머지 구간은 왕복 2차선의 비포장 상태다. 그리고 이 구간에서의 도로확장 및 도로포장 공사는 전혀 이루어지고 있지 않다. 이 구간에서는 주로 부설되어 있는 철도를 이용하기 때문에 도로의 이용은 극히 미미한 것으로 파악된다. 아울러 육상을 통한 북한으로의 출입도 철도가 유일하기 때문에 도로의 이용은 전혀 없다고 볼 수 있다. 블라디보스토크~하산 간 중간 경유지에 위치한 바라바쉬는 군 주둔지로서 현재는 농업활동이 이루어지는 규모가 작은 촌락이다(그림 4-13).

또한 하산은 두만강 철교를 통해 북한과 철도로 연계되어 있다(그림 4-14). 하산은 북한과 러시아 양국 간에 육상교통을 통해 연결되는 유일한 지역이다. 이곳에는 북한과 러시아 간의 국경통과를 위한 러시아 출입국 세관이 설치되어 있다. 하산 철도역은 두만강 철교를 사이에 두고 북한의 두만강리역과 마주하는 변경역으로서, 평양~하산~하바로프스크~바이칼~모스크바(총 연장 10,214km) 간 운행하는 열차가 주 2회 통과하고 있다. 1963

그림 4-14 러시아~북한 간 두만강 철교

년 홍의~두만강까지의 홍의선이 신설되면서 북한 청진에서 직접 광궤도(폭 1,522mm)를 타고 러시아의 시베리아 철도와 연결되고 있으며, 북한-러시아 국경 철도공동위원회가 설치되어 상호협의에 의하여 운영되고 있다. 현재에도 북한으로부터 주로 목재와 석탄을 운반하는 화물열차가 비정기적으로 운행되고 있다. 두만강 철교 입구에는 북한과 러시아의 우호관계를 기념하기 위해 건립된 친선각이 위치해 있어서 이곳이 북한으로 입국하는 관문임을 확인할 수 있다(그림 4-15, 4-16).

향후 이곳은 철도뿐만 아니라 기타 도로교통을 이용하여 북한과 연계될 잠재가능성이 충분하다. 특히 북한의 개방지역인 나진-선봉경제무역지대와 인접해 있기 때문에 경제지대의 성장이 하산 지역의 경제에도 영향을 크게 미칠 것으로 예견되고 있다. 그러나 1991년에 자유경제무역지대(Free Economic and Trade Zone)로부터 출발한 북한의 나진-선봉지대가 아직까지 크게 발전하지 못하고 있기 때문에 하산에 미치는 영향력은 현재 미미하다고 볼 수 있다.[12]

12 북한의 나진-선봉경제지대의 발전이 미흡한 원인으로 평가되는 요소는 다음과 같다. 첫째, 나진-선봉지대가 국제화물 중계기지로서 유리한 입지조건을 갖추고 있음에도 불구하고 철

그림 4-15 하산역 구내의 화물열차

그림 4-16 두만강철교로 향하는 여객열차와 북 · 러 친선각

도와 항로개설 및 항공망, 항만시설, 그리고 배후지역과 연계되는 인프라가 개선되고 있지 않다는 점이다. 둘째, 도시인구규모나 인구구성으로 볼 때 충분한 노동력을 공급받지 못하고 있다는 점이다. 셋째, 전력과 용수 등 기반 동력 인프라의 시설이 미미하다는 점이다. 넷째, 경제지대 내 기존 산업구조의 낙후성으로 인해서 역외가공에 따른 외부지역과의 연계가 필요하지만 현재 경제지대는 외부와 차단된 상태가 지속되고 있기 때문에 지역 간 교류가 차단되어 고립된 섬과 같은 효과밖에 얻지 못하고 있다는 점이다. 다섯째, 경제지대 내 수출가공단지가 지나치게 많이 지정되어 있어서 단지 운영과 재정적인 측면에서 낭비요소가 발생했다는 점이다. 여섯째, 공업단지의 분산배치로 인해서 지대 내 유기적인 생산체제를 구축하는 데 문제가 된다는 점이다(이기석석 · 이옥희 · 최한성 · 안재섭 · 남영, 2002, 「나진-선봉 경제 무역 지대의 입지특성과 지역구조」, 『대한지리학회지』, 37(4), 293-316쪽).

하산 지역은 북서쪽으로 중국의 방천(防川)과 접하고 있으며, 이 두 지역 간에는 도로가 연결되어 있지만 사람이나 물자의 왕래는 전혀 이루어지지 않고 있다. 하산과 방천을 지나 중국의 훈춘(琿春)까지는 두만강의 수운을 이용할 수 있다. 1990년 초에 중국은 두만강을 거쳐 동해로의 출해(出海)를 시도한 바 있다. 동해로의 출해 시 장애물인 러시아와 북한의 두만강 철교는 중국 국경과 60m의 거리에 있으며, 통과 높이는 9.6m이다. 따라서 방천에서 중량 50~300톤의 선박이 통행할 수 있다. 향후 이 지역의 경제가 활성화되면 방천에서 동해로의 출해가 가능하게 될 뿐만 아니라 방천에 인접한 하산까지 해운의 거점지역이 될 수 있다. 그러나 대형선박을 통한 두만강 수운을 이용하고자 할 경우에는 두만강 철교가 강 하상으로부터 높이가 낮아져 있기 때문에 새로운 철교의 건설이 요구된다. 현재는 하산에서 중국지역으로 들어가기 위해서는 하산으로부터 북서쪽으로 55km 떨어진 크라스키노(Kraskino)를 경유한 후 창링쯔에 위치한 러시아 출입국 세관을 통과해야 한다.

하산과 인접해 있는 중국의 방천은 1999년에 지린성 정부에서 성급관광구역으로 지정되어 있으며, 3국의 변경이라는 이점을 활용하여 국가급 관광구역으로 승격이 될 가능성이 높은 곳이다. 방천에서 하산까지의 거리는 1km이고, 북한의 두만강 노동자구역까지는 2km, 훈춘까지는 50km, 그리고 동해까지는 15km이다. 방천관광구역은 민속문화, 자연생태, 풍속, 역사유적 등을 관광할 수 있는 곳이다. 현재 방천에는 관광객을 위한 전망대가 설치되어 있어서 많은 중국 및 한국 관광객이 3국 국경지역을 보기 위해 이곳을 방문하고 있다. 하산 지역의 잠재력을 높이기 위해서는 중국지역에서부터 직접 하산으로 입국할 수 있는 연계통로가 시급히 마련되어야 할 것으로 생각된다.

하산 지역은 3국 접경지역에서 가장 국경에 인접해 있으면서 아울러 가장 인구규모가 큰 중심지다. 그리고 현재 북한의 나진-선봉지대와 중국의 훈춘과도 철도 및 육상교통의 연계망이 구축되어 있는 상황에서 이 지역이 현재의 엄격한 통제로부터 벗어나 보다 자유롭게 개방된다면 실질적인 지역 중심지로 발전할 수 있는 가능성을 보유하고 있다.

3. 하산의 취락

하산은 국경도시로서 군 주둔기지 기능 이외에 북한-러시아 간 연계철도의 관문으로서 교통연계기능을 가지고 있다. 하산을 경유하는 철도는 시베리아 횡단철도(TSR)에 연결되는 한 지선철도다. 현재 운행상황을 살펴보면, 매일 1회 블라디보스토크 역으로부터 하산까지 여객열차가 왕복 운행되고 있으며, 주 2회 북한의 평양으로부터 이곳을 경유하여 러시아 모스크바까지 연결되는 열차가 운행되고 있다.

하산의 거주인구(2004년 기준)는 약 900여 명으로, 16세 미만 241명, 성인 노동인구 558명, 그리고 노령의 연금생활자 141명 등으로 구성되어 있다. 거주인구는 주로 러시아 국경수비대의 군인과 군속, 그리고 하산역의 철도 종사자들이 대부분이다. 다른 산업기반의 시설은 전혀 없으며, 단지 적은 수의 농가가 분포해 있을 뿐이다.

하산은 1930년대 중반까지 상와봉(上臥峰), 하와봉(下臥峰)이라고 불리는 한인촌을 형성하면서 농촌취락이 발달했었다. 상와봉 취락은 <그림 4-17>에서 ㉰로 표시된 곳에 위치하고 있던 마을이며, 하와봉은 ㉱로 표시된 곳에 위치하고 있었다. 현재에도 이 두 지역에는 농가가 분포하고 있다. 상와봉 지역에는 30여 호에 이르는 농가주택이 있으며, 하와봉 지역은 10여 호의 농가가 입지해 있다. 그러나 러시아 혁명 이후 1937년 8월 중순에 내려진 전 연해주 지역에 거주하는 한인들을 중앙아시아로 강제이주시키라는 러시아 정부의 명령에 의해 하산의 한인촌락도 사라지고, 그 대신 증파된 러시아 국경수비대의 군인들이 주둔하는 곳으로 바뀌었다.

국경수비를 위해 러시아 군인들이 증파되는 과정에서 새로운 주거지가 하산 역사(그림 4-18)를 기준으로 볼 때 동쪽 지역에 해당하는 <그림 4-17>의

그림 4-17 하산 지역의 위성사진

그림 4-18 하산 역사(驛舍)

㉮지역에 형성되었다. 새로운 주거지는 비교적 규모가 컸으며, 군인과 군속을 위한 주거지의 성격을 띠었던 것으로 보인다.

이 지역에서 한인들을 강제로 이주시킨 이후 1980년 이전까지 하산은 단지 변경지역에 위치한 국경지역이며, 시베리아 횡단철도의 한 지선인 우스리스크~하산 간 철도의 종착지에 불과하였다. 그러나 1980년 이후 러시아와 북한 간 교역이 점차 증대되면서부터 하산은 북-러 간 국경도시로서의 역할이 새롭게 인식되었다. 이 시기 도시의 중심도 하산 역사에서 가까운 서쪽(<그림 4-17>의 ㉯지역에 해당)에 새롭게 형성되었다. 새 중심지에는 공공적 기능의 현대식 건물과 아파트가 새롭게 들어서게 되었다. 따라서 비교적 규모는 작지만 행정관청, 학교, 문화회관, 여관, 상점 등이 모두 이 지구에 집중되게 되었다. 또한 1990년대 초 UNDP의 두만강개발계획이 발표되면서 3국의 접경지역인 하산이 더더욱 주목을 받게 되었다. 하산은 북한으로 연계되는 유일한 육상교통인 철도가 연결되어 있는 곳에 위치하고 있으며, 두만강을 이용하여 중국의 훈춘과도 쉽게 연계되는 곳이었기 때문에 개발가능성과 잠재력을 충분히 갖추고 있는 지역으로 평가받았던 것이다.

하산 지역 취락의 유형은 크게 군인 숙소, 철도 종사자 숙소, 소수의 농가, 여행객을 위한 숙박시설 등으로 구분해 볼 수 있다. 군인과 철도 종사자들의 숙소는 작은 규모의 아파트 형태다. 하산역을 중심으로 새롭게 형성된 곳에 이러한 아파트가 분포해 있다(그림 4-17의 ㉯지역). 또한 이곳에 주민 문화회관과 도서관, 교육기관이 각각 1개소씩 입지해 있으며, 여행객을 위한 유일한 여관도 있다. 이 여관의 규모는 10개 안팎의 객실을 갖춘 작은 규모다(그림 4-19, 4-20).

하산 지역은 교통과 군사기능의 취락이 발달해 있는 곳이기 때문에 농가 수는 극히 작다. 그리고 대부분의 농가는 하산역으로부터 떨어져 있는 외곽에 분포하고 있다. 이 가운데 가장 규모가 큰 것으로는 하산으로 진입하는 입구에 위치해 있는 것과 남쪽의 녹둔도로 들어가는 입구에 10여 호의 농가가 밀집해 있는 것이다. 이 두 취락은 앞서 살펴본 바와 같이 구한말 시기부터 상와봉, 하와봉으로 불렸던 마을이 위치해 있었던 곳이다(그림 4-21, 4-22, 4-23). 현재 이들 농가의 경작지인 농지는 하산역을 중심으로 반경

그림 4-19 하산 행정사무소

그림 4-20 하산의 아파트

그림 4-21 하산의 여관

그림 4-22 하산 지역의 농가

그림 4-23 녹둔도 초입의 농가

1km 내에 있을 뿐, 이 지역을 벗어나면 농지는 전혀 찾아볼 수 없고, 오로지 황량한 황무지 상태의 야생초지와 습지만 나타난다.

제5장

녹둔도의 토지이용

일반적으로 지리학자들이 지표조사를 통하여 구성하는 토지이용도는 개별 지역에 거주하는 주민의 생활과 경제활동을 포함한 모든 활동의 공간적 특성을 파악하는 일차적 수단이 된다. 즉, 토지이용 분석은 현재 점유하고 있는 거주 집단의 모습뿐만 아니라 과거 이 지역을 점유하여 경제활동을 지탱하여 온 문화집단의 토지사용에 대한 모든 행태를 이해할 수 있는 단초를 제공하여 준다. 특히, 녹둔도와 같이 오래전부터 농지로 개발되어 한때는 계절적으로 거주지를 형성하였다는 기록을 참작할 때 이 지역에 대한 포괄적인 이해를 위하여 토지이용도의 작성과 분석은 가장 기초적인 부분이라고 할 수 있다. 또한, 토지이용도의 작성은 현재를 기준으로 작성되지만 전체적인 공간적 패턴은 토지의 기능적 특성을 파악할 수 있으며 나아가서는 앞으로 개발 잠재력을 파악하는 기초를 제공하여 주기도 한다. 이와 아울러 현재 녹둔도의 토지이용도는 지난 80여 년 간 개발이 정지된 상태에서 자연식생(physical vegetation)의 원형 연구에도 도움이 될 수 있다.

1. 현장에서 본 토지이용

녹둔도에 대한 현장답사를 통한 집중적인 토지이용 조사는 다음과 같은 몇 가지 의문을 확인하고자 하였다. 첫째는 녹둔도가 역사시기에 실존하고 있었던 섬이었다면 과연 연륙되기 전 녹둔도의 범위와 윤곽을 확인할 수 있는가 하는 점이고, 둘째는 조선시대 초기에 농보를 설치하고 경작을 하였던 유적의 흔적이 얼마나 남아 있을까 하는 점이었으며, 셋째는 현재의 토지이용이 앞으로 이 지역 개발 시에 어떻게 활용될 수 있는가 하는 점들이었다. 그러나 현장에 도착하여 느낀 것은 생각보다 방대한 지역으로 하루 혹은 이틀에 걸쳐 확인될 사항이 아니었음을 직감할 수 있었다. 두만강 하구 범람원지역의 범위가 100여 km^2에 달하는데 그중 일부로 추정되는 녹둔도를 확인하는 일은 실제로 정밀조사 없이 현장답사만으로는 불가능하였다. 이 작업은 정확한 지도의 확보도 쉽지 않지만 하구 지역의 반복된 범람으로 지형적인 변화와 수많은 습지의 발달로 접근이 어려운 점이 가장 큰 장애였다. 더군다나 남쪽의 두만강 하구 지역과 해안 지역의 상당 부분이 수비대의 작전 통제지역으로서 철책으로 분리되어 있어 통행이 불가능하였기 때문에 실제 녹둔도의 범위와 윤곽을 확인하는 데는 상당한 시간과 정밀조사가 뒤따라야 할 것이다.

현장답사를 통한 조사는 개략적인 토지 피복 상태와 지표의 지형 발달에 대한 점검이고 관심의 주요 대상은 초기 녹둔도 토성, 정착유적지와 19세기 후반에 계절적으로 이주하여 영농하였던 집단 거주지의 토지이용을 파악하는 일이었다. 이 지역의 현장 토지이용은 대략 3개의 구역으로 나누어 볼 수 있는데(그림 5-1), 처음 구역은 하산에서 남쪽으로 약 6km 떨어진 달전항(達田項)까지 약 $50km^2$ 되는 지역으로 농경지로 개발된 일부 지역을 제외하면 대부분은 호수와 습지 그리고 나지로 구성되어 있다. 국경도시 하산의 남쪽으로는 30~40호의 농가가 있으며 주변지역은 농토로 이용하고 있다(그림 4-22, 4-23). 그러나 이 마을에서 1km 정도 남쪽으로 내려가면 대부분의 평평한 지역이 불규칙한 사구와 초지로 덮여 있으며 비경작지로 방치되어 있다. 그런데 두만강 연안을 따라 도로 양변에는 일부 경작지가 개발된 흔적을 관찰할 수 있었으며 일부 지역은 이미 모래 채취로 원 지형이 많이 바뀌어 있었다. 하천 연안은 대부분이 울창한 나무로 덮여 있었다.

두 번째 구역은 녹둔도의 중심부분에 해당되는 지역으로 기존 도로망이

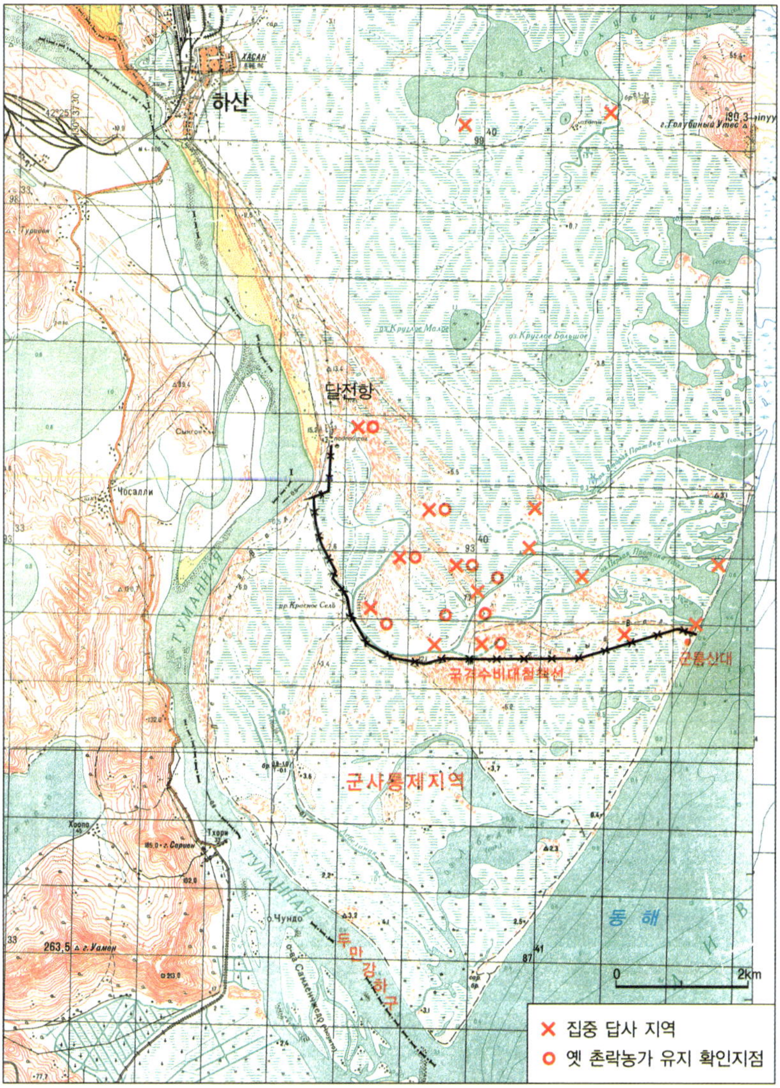

그림 5-1 녹둔도 주요 집중 답사 지점

일반도로와 군 작전도로 분리되는데 이 지점이 바로 상소(上所)로 사구의 발달이 가장 탁월한 곳이다. 이 구역은 두만강이 여러 차례 하도 변경으로 인하여 옛 하도가 남아 있어 범람원 자체가 복잡하게 구성되어 있는데, 대략 25km^2 정도의 옛 구하도 샛강인 녹둔강 유역이다. 이 구역은 도로가 없어 도보로 답사하거나 트럭과 같은 특수 차량을 이용하지 않고는 진입이 어렵다. 1차 답사(2000년 10월)와 3차(2002년 7월) 시에는 많은 습지구역과 녹둔강을 건너지 못하여 이 강 연안을 따라 답사를 마치고 더 이상 들어갈 수 없었으나, 2차(2002년 2월) 답사 이후에는 겨울 기간을 이용한 관계로 차편으로 얼어붙은 강 위를 따라 남동쪽으로 진입이 가능하여 현장조사를 할 수 있었다. 특히, 이 녹둔강 주변은 녹둔도의 중심부분이라 할 정도로 1920년대 지도상에 많은 취락이 이 강 연안에 위치하고 있었다. 대표적인 촌락으로는 중소(中所), 성장(城場), 앞세가리미, 두가리미, 세가리미 등을 들 수 있다.

대부분의 샛강 연안 지역이 평탄한 지형을 유지하고 있었으며 일부는 10m 내외의 사구들이 발달하였으며, 이들은 대부분 초지로 덮여 있었으나 일부는 개석된 상태였다. 일부 사구는 인위적인 변형이 이루어진 것 같은 모습을 보이고 있었다. 대체로 사구의 분포 방향은 북서에서 남동 방향을 이루고 있었다. 이 같은 사구의 방향은 하산에서 달전항 구간을 흐르는 두만강의 유로 방향뿐만 아니라 두만강 계곡을 따라 탁월하게 나타나는 북서풍과도 일치하고 있었다.

처음 도보답사 구간에는 경지나 초지재배를 위해 특별히 관리한 흔적이 보이지 않았으며, 대부분 오랫동안 방치된 자연 상태 그대로였다. 이 지역은 파랑상의 사구가 불규칙하게 발달하고 있었는데, 높이가 대략 2~3m에서 높은 것은 10m 가까운 것도 관찰되었다. 그리고 사구와 사구 사이에는 일부 습지가 발달하였으며, 곳곳에 잘 정리된 경지와 같은 평지가 있었다. 녹둔강에 이르는 가까운 곳에는 남북으로 길게 5~6m 이상 되는 균형을 이루는 사구가 발달한 것을 관찰할 수 있었다. 일부는 폭이나 높이에서 인위적인 토축에 가까운 것이었으며 그중 높은 곳은 약 7~10m에 달하였다. 이러한 사구들은 외관상으로 인위적 토축이 행하여진 것처럼 보였으나 실제로 고고학적 절단 발굴조사 없이는 확정 짓기가 어려웠다. 특히, 사구의

그림 5-2 고목과 옛 농가 터

높은 지역은 이 지역을 드나드는 국경수비대 차량의 통로로 이용된 흔적이 있었으며 일부 사구는 이미 파괴되어 원형을 찾기가 힘든 상태였다.

1차 답사 시에는 일부 샛강 주변과 저습지 주변지역의 몇 그루의 나무들이 남아 있는 지역들을 옛 집단 취락지로 막연히 추측할 수밖에 없었다(그림 5-2). 그러나 2차 현장답사 이후에는 달전항 분기지점에서 동남으로 4~5km 거리의 샛강 주변에서 옛 취락지로 추측되는 흔적들을 확인할 수 있었다. 집터의 주춧돌로 보이는 돌들이 장방형으로 놓여 있었는데 그 모양새가 우리나라 북부지역에서 흔히 볼 수 있는 겹집의 평면구조와 비슷하였다. 또한 집터로 추정되는 곳마다 국내에서 볼 수 있는 것에 비해 크기가 작은 연자방아들이 주변에 흩어져 있었다(그림 5-3, 5-4, 5-5). 또 주거지와 떨어진 곳에는 물에 잠긴 논자리와 탄화되어 까맣게 변색된 밭이랑의 모습이 뚜렷하게 남아 있었다(그림 5-6, 5-7). 4차와 5차 현장답사에서는 2차 답사에서 확인한 것에 비해 3~5배 많은 연자방아와 집터를 확인하였다.

그림 5-3 연자방아

그림 5-4 집터 자리

그림 5-5 연자방아 와 집터 자리

그림 5-6 옛 경작지에 남아 있는 이랑의 흔적

그림 5-7 이랑의 흔적

제3구역은 대부분이 군사통제 철책선 남쪽으로 대략 25km²가 되는 넓은 지역이다. 이 구역의 토지이용은 대부분이 나지이며 황무지였다. 제2구역에서는 10여 군데에서 촌락 주변에 자라는 몇 그루의 나무들이 있었는데 반해 이 구역 내에는 한두 군데 관찰되었다. 제2구역의 성장마을 남쪽 군 철책선 부근지역의 넓은 평지는 경지로 개발된 것으로 보였다. 현재 유일한 시설로는 동쪽 해안가에 위치하는 러시아군 통신소 하나만 있을 뿐이었다.

현지 관찰을 통하여 살펴볼 수 있는 녹둔도의 토지이용은 사구로 뒤덮인 구릉지와 이들 사이를 메우고 있는 저습지와 갈대 밭, 그리고 각종 야생화로 뒤덮인 초지, 불모지와 나지, 크고 작은 샛강들로 이루어져 있었다. 그리고 10여 곳에 산재하고 있는 옛 촌락지와 생활 유물들의 분포가 전부였다. 반면에, 이 지역의 소축척과 대축척 지도상에 나타난 토지이용 정보는 실제

현지 토지이용을 파악하는 데 크게 도움이 되지 못하였다.

1973년 자료에 의해 작성된 1/5만 지도에 따르면 녹둔도의 습지 또는 늪(marsh or swamp)은 두만강 서쪽 연안으로는 거의 없었으며, 동쪽 해안선과 하천 지류를 따라 분포하고 있음을 관찰할 수 있다(그림 5-8). 이는 두만강의 서쪽부터 농경지가 개발되어 점차 동쪽으로 확대되고 있음을 암시한다.

출처: 1973년 제작 1/5만 「서수라」 도폭.

그림 5-8 녹둔도의 토지이용(1973)

그리고 대부분 비습지 지역은 취락의 분포와 높은 상관성을 갖고 있다.

최근 러시아 극동 태평양 지리 연구소에서 작성한 개괄적인 토지이용은 10개 항목으로 토지이용구분을 하였으며, 이 중에 이 지역에 해당되는 토지이용은 건초(hay-making area), 초지(pasture), 관목(bush), 습지(wetlands) 등으로 대부분의 중심부분은 모두 건초와 초지로 구성되어 있다(그림 5-9). 그리고 두만강 연안의 서쪽부분은 계절별로 범람하는 상습 습지지역으로 접근이 어려울 뿐만 아니라 오랫동안 관리되지 않고 방치되어 온 것으로 평가된다.

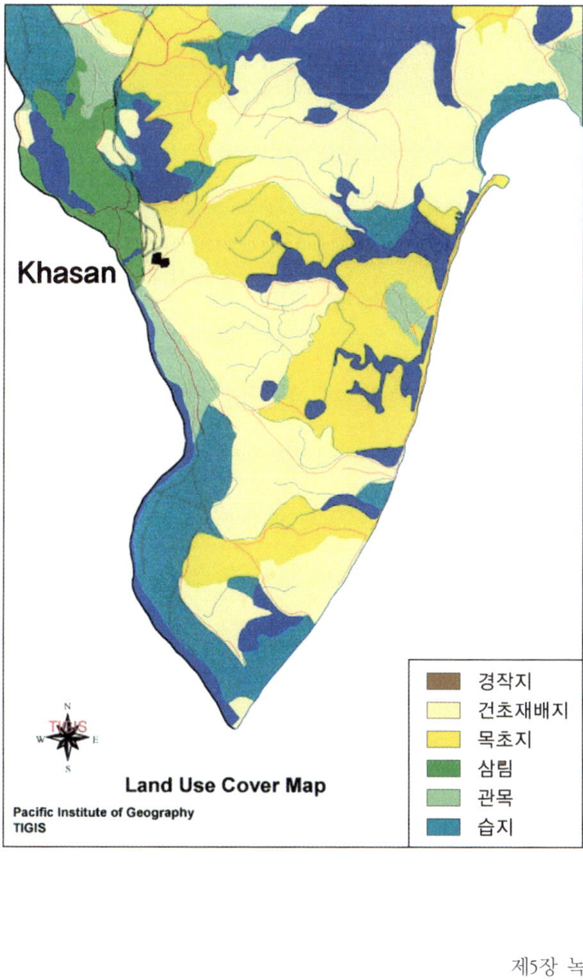

출처: 태평양지리연구소 제공

그림 5-9 두만강 하구의 토지이용도

그림 5-10 녹둔도 동쪽 해안 경관

이 토지이용도에서 한 가지 중요한 것은 녹둔강이라는 구하도 샛강을 따라 발달한 넓은 건초와 초지 지역은 오래전부터 경작지로 개발된 결과가 아닌가 생각된다. 반면에 동해안에 면한 해안선을 따라 100~200m까지는 파도와 해류의 영향으로 경작지 개발이 거의 불가능한 것으로 평가되었다. 겨울답사 시 해안선 연안 지역은 파도의 영향이 깊숙이 미치고 있는 것으로 확인되었다(그림 5-10).

2. 위성영상 분석을 통한 토지이용과 특색

두만강 하구에 위치한 녹둔도 지역은 북한과 러시아의 국경지역으로서 현장답사가 단지 일부에 제한되고 있어 체계적인 토지이용도의 작성은 위성영상을 활용하는 것이 객관성을 얻는 데 도움이 되리라고 확신하고 여러 가지 자료를 수집하였다. 위성영상 자료로는 미국의 랜드샛(Landsat TM) 자료나

그림 5-11 2000년 녹둔도 지역의 위성영상 (band 5+4+2)

이코노스(Ikonos) 영상을 사용할 수 있는데 보다 정밀한 영상의 경우는 퀵버드(Quickbird) 영상을 사용할 수 있다. 일차적으로 개괄적 토지이용도를 위하여 랜드샛 위성영상을 이용하여 토지이용 분석을 시도하였다. 1991년 9월 13일, 2000년 5월 24일 및 2001년 8월 31일 랜드샛 영상으로 볼 때 연구지역 여름과 봄의 영상패턴은 매우 큰 차이가 나타났다. 봄철의 영상에서는 각종 토지이용이 잘 구분될 수 있지만, 여름철에는 식생이 왕성하게 자라고 있기 때문에 토지이용 상황을 구분하기 어렵다. 그러므로 우리는 우선 갖고 있는 2000년 5월 24일 영상을 토대로 토지이용 유형분류를 시도하였다(그림 5-11).

전 지역에 대한 현지답사의 제한으로 우리는 우선 분광패턴에 의거한 무감독분류기법으로 영상을 분류하였다.[1] 분류에 사용된 밴드는 TM 1, 2, 3, 4, 5, 7 총 6개다. 그 다음 현지답사 자료와 본 연구팀에서 진행했던 인근 중국지역의 연구결과 「두만강 하류지역 토지이용종합평가」와 북한연구 「나진-선봉 지역연구」를 참고하여 무감독분류 결과에서 나타난 유형을 판독, 지정하였다. 그리고 추가적으로 2002년 10월 10일 촬영한 퀵버드 영상을 사용하였다.

1) 랜드샛 자료의 분류

토지이용 유형은 수생식물, 습지, 초지, 관목, 교목, 나지, 농경지, 사구 등 8개로 나누었다. 두만강 수면을 포함하지 않은 러시아 지역의 분류결과는 다음과 같다(그림 5-12).

본 지역은 두만강 외에도 수많은 호수와 늪이 분포되어 있어 두만강을 제외한 수면 면적도 42.82%나 차지한다. 피복은 주로 초지와 수생식물(갈대)로 구성되었으며 각각 25.96%와 19.10%를 차지하였다. 갈대는 주로 녹둔도로 추정되는 중부지역과 북부지역에 분포되었으며 초지는 남부지역과 강변, 해변에 주로 분포되어 있다. 관목과 교목은 각각 5.23%, 1.97%로서 주변지역에 산포되어 있으며 나지와 사구(3.20%)는 동부와 연안에 드문드문 분포되어 있다. 이 토지이용도에서 사구는 대부분 계절적으로 피복식물로 덮여 있어 그 점유율이 낮게 측정되었다. 농경지는 매우 적으며 주로 두만강변과 주거지 근처에 분포되어 있고, 주거지는 하산지역에만 분포되어 있다(표 5-1).

표 5-1 위성영상 분류 결과

유형	면적(㎢)	%
교목	3.90	1.97
관목	10.37	5.23
초지	51.47	25.96
수생식물	37.87	19.10
수면	84.89	42.82
사구, 나지	6.34	3.20
농경지	2.16	1.09
주거지	1.24	0.63
합계	198.24	100.00

1 이기석 · 남영, 1999, 「다분광 TM 영상 변환기법과 감독 분류 정확도 비교연구: 두만강 유역을 중심으로」, 『한국측지학회지』, 17-3, 311-320쪽 참조.

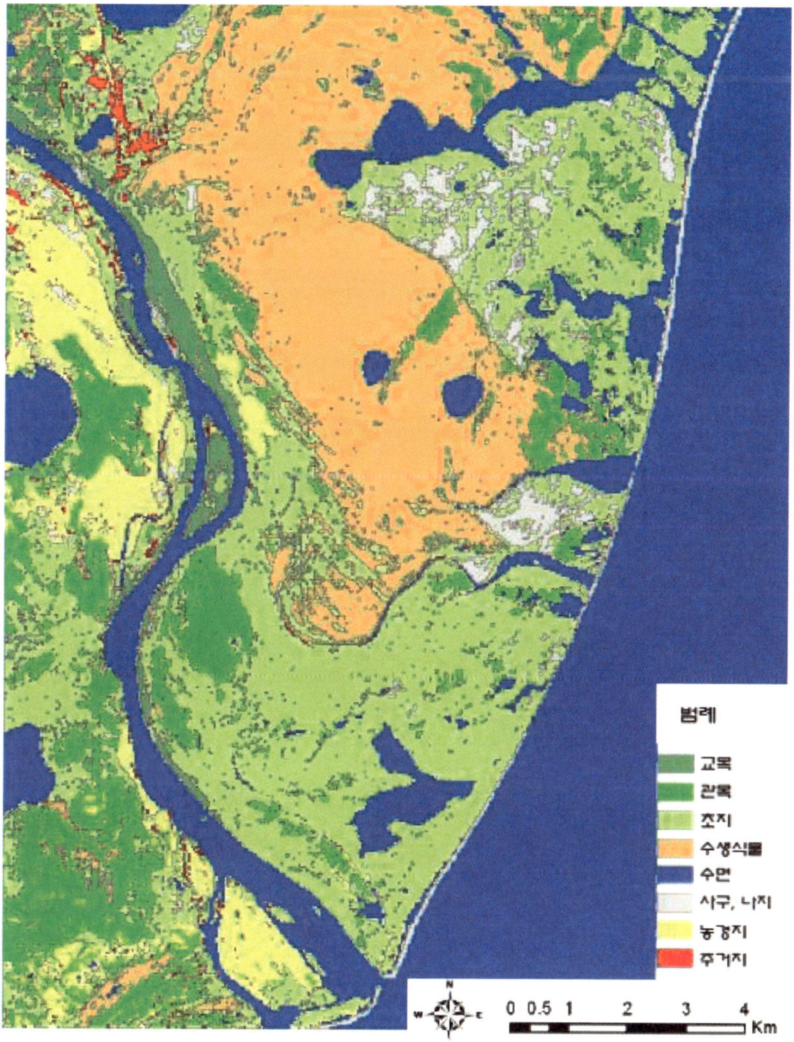

출처: 2000년 위성영상 자료 분석.

그림 5-12 녹둔도 지역 토지이용 유형(2000년 5월 24일)

이상 분석결과는 무감독분류와 제한적인 현지답사자료를 토대로 한 것이기에 정확도 검증이 필요하다. 그러나 현지자료의 부족, 제한된 답사코스 등 문제점은 현지검증의 큰 제한요소다. <그림 5-13>은 러시아 측이 제공

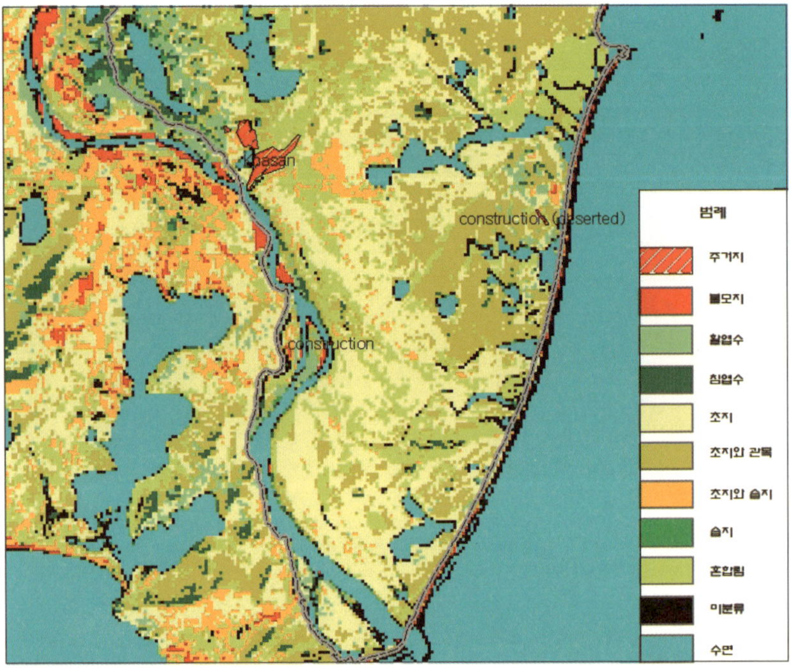

그림 5-13 러시아 측에서 제공한 토지이용도

한 토지이용 분류도이다.

공동 연구팀은 Landsat 7 TM 2001년 10월 22일 영상을 토대로 토지이용도를 작성하였다. 분류는 삼림과 초지, 습지, 나지, 수면, 주거지, 미확인 지역 등 11개 항목이다. 러시아식 분류에서는 초지에서 습지(swamp) 지역을 구분하므로 사구와 사구 사이에 발달한 습지의 분포를 쉽게 확인할 수 있었다. 반면 농경지 현황을 파악할 수 없다는 단점이 있기도 하다.

위성영상에 따른 토지이용은 매크로 스케일(macro scale)의 토지이용 파악에는 유리하지만 두만강 하류 지역과 같이 마이크로한 스케일에서는 다소 유용성이 떨어진다. 그리고 랜드샛(Landsat) 7의 자료가 지난 10년 전후를 비교하는 것에는 유용하지만, 1930년대 이후 그동안 지형상의 변화, 거주지의 철거, 농경지의 오랜 방치 관계 때문에 최근 영상으로는 그 변화를 파악하는 데에는 많은 어려움이 있다.

2) 퀵버드 영상 분석

위성영상 분석에서 랜드샛 자료의 정확성과 분석의 한계를 극복할 수 있는 새로운 영상이 미국에서 상용화되고 있는 퀵버드 영상이다(그림 5-14). 이 영상은 랜드샛의 해상도가 30m 정도인데, 이것은 파노라마 해상도(pan resolu-

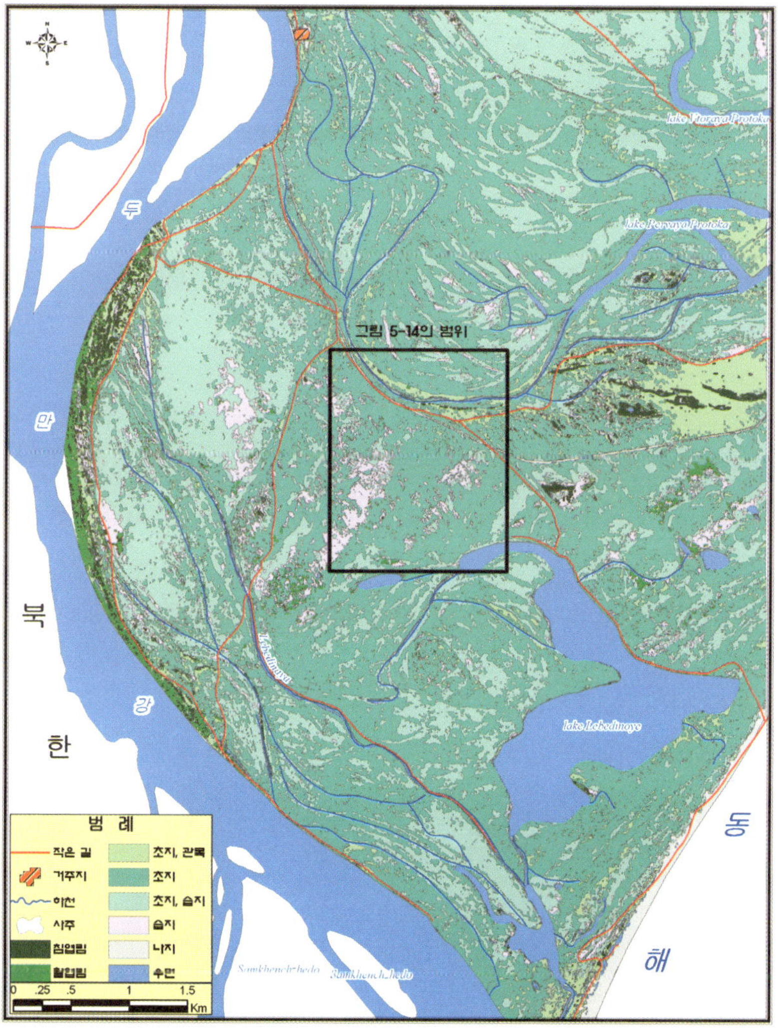

그림 5-14 퀵버드 영상자료에 따른 토지이용도

tion)가 0.67m이고 다중 해상도(multi resolution)가 2.7m로 시각적으로도 판독이 가능한 지표양상이 많은 것이 특색이다. 단지 구입 단가가 비싸다는 문제점이 있다.

이번 연구를 할 때 2002년 10월 10일자 영상을 토대로 하여 토지이용도를 작성하였다. 이 영상 분석은 녹둔도 내의 일부 답사가 불가한 곳에 대한 종합적인 관찰에 도움이 되었다. 위성사진 퀵버드 영상 분석에 따르면 현재와 같은 소축척 상에서는 랜드샛 데이터의 분석과 큰 차이는 없으나 일부 의심나는 지점에 대한 확인이 가능하였다. 특히, 사구의 분포와 구하도와 취락의 흔적을 추적하는 데 훌륭한 자료가 되었다. 군 철책선 안쪽에 넓은 지역에 규칙적인 구획분포의 확인은 이 영상을 통해서 관찰할 수 있는 중요한 토지이용 파악이다(그림 5-15 참조). 현재로는 지표상에 남아 있는 경관의 흔적만으로는 단정하기 어렵지만, 초지로 덮여 있는 평탄한 이 지역은 옛 경작지로 간주할 수 있다고 본다. 만약 이 지역이 대부분 옛 경작지로 확인이 가능하게 된다면 녹둔도 내에서 단일 경작지 중에 가장 넓은 경작지역으로 평가된다. 현재까지 답사를 통하여 확인된 부분은 옛 경지의 규모가 작을 뿐 아니라 연속적인 분포를 이루고 있지 않을 뿐 대부분 이동성 사구에 의해 파괴되고 습지화되어 전체 윤곽을 파악하기 힘들었다(그림 5-14, 5-15). 그리고 이 지역의 농토 구획으로 보아 경작지가 규칙적인 패턴을 이루고 있었던 것으로 평가되어 대규모 관개수로로 연계되었을 가정도 가능하다. 이 점은 녹둔

이 지역의 면적은 대략 4㎢가 된다.
출처: 퀵버드 위성영상.

그림 5-15 녹둔강 남쪽의 토지구획 흔적

강 주변에 산재하고 있는 취락의 분포와도 높은 관계를 갖고 있다고 볼 수 있다. 즉, 녹둔강 주변에 분포하는 취락들이 녹둔도의 중심적인 위치에 입지하고 있었으며 특히 우기나 홍수 시를 대비하여 취락의 발달이 경지보다 지대가 조금 높은 사구군 지역에 집중 분포하였으리라는 추측을 가능케 한다.

3. 토지이용 잠재력

현재 녹둔도로 통칭되고 있는 하산 남쪽 100km^{2}에 해당하는 두만강 하구 지역은 높이 10m 내외의 사구 지역을 제외하고는 모두 낮은 범람 퇴적지형으로 구성되어 있어 수평선이 맞닿을 정도로 평탄하다. 현재는 국경수비대와 하산 역의 철도 관계자 가족, 그리고 농부들이 거주하고 있으며 거주 인구 밀도는 희박하다. 토지이용 면에서 볼 때 앞에서 살펴본 바와 같이 하산 부근만 농경지로 사용하고 있을 뿐 대부분의 녹둔도 지역은 모두 방치된 자연 조지다.

본 연구에서 현장조사와 위성사진 및 항공사진에 의한 토지이용 분류를 기초로 토지이용 잠재력을 평가하면 다음과 같다.

1) 현장조사에 의한 평가

1937년 스탈린의 강제이주 정책으로 녹둔도 지역을 비롯한 국경지대 일대의 한인 촌락들이 모두 소개되었다. 그 후 최소한 75년간은 이 넓은 범람원을 사용하지 않고 자연 그대로 방치하였다.

토지이용에서 확인된 바와 같이 녹둔도는 불규칙하게 발달한 높고 낮은 사구 지역, 사구와 사구 사이에 발달한 넓은 초지 지역, 모래로 덮인 상습 저지대 지역 등 모두 세 가지 유형으로 구분할 수 있다. 대체적으로 사구들이 군집된 지역은 개발 잠재력이 뒤떨어질 뿐만 아니라, 일부는 파괴되고 있는 것으로 보이며 앞으로 더욱 심화된 연구가 필요하다.

사구와 사구 사이에 넓게 펼쳐진 저지대의 상당 부분은 우리 선조들에 의해 농경지와 거주 지역으로 개발된 흔적이 남아 있다. 아마도 이 부분은 특별한 관리 없이 관개를 통해 농경지로 쉽게 전환될 수 있는 잠재력이 가장 높은 지역으로 판단된다. 나머지 광범위한 저습지와 초지 지역을 포함한 모래땅은 특별히 관개 시설과 도로망으로 확충하기 전에는 잠재력을 높이기가 힘들 것으로 평가할 수 있다.

특히 하류와 동해안에 면한 해안 지역은 상습적인 범람과 해일이 반복되어 제방 시설이 보완되기 전에는 연안 보호가 어려울 것으로 보였다. 또한, 동절기에 내륙과 해양 사이의 두만강 곡구를 따라 강하게 부는 강풍은 모래를 동반하고 있어 특히, 겨울 동안에는 두만강 하구 저지대는 거주지로 적절하지 않은 것으로 평가되었다. 실제 본 연구팀이 현장답사를 위하여 하산에 체류했던 2004년 2월에 밤새도록 분 강풍은 모래를 동반하고 있어 답사 활동에 많은 어려움이 있었다.

이러한 지리적 사항을 고려해 볼 때 녹둔도 지역의 토지이용상의 잠재력은 일차적으로 거주지 개발이나, 기타 산업 시설의 건설에는 부적절하며, 단지 계절적인 영농 사업을 위한 토지이용은 바람직한 것으로 평가할 수 있었다.

2) 자연보전과 지속가능한 개발 평가

두만강 하류 녹둔도를 포함하여 하산 주변지역 전반에 걸친 토지이용평가를 위하여 본 연구 공동연구팀인 러시아 학자들은 이 지역을 몇 개의 기능지역(functional zones)으로 분류하고(그림 5-16), 각 해당지역에 대한 지속가능한 개발 가능성을 다음과 같이 평가하였다.

우선 기능지역 설정에 두 측면을 고려하였는데 하나는 자연 상태에 있는 지역과 인간의 영향으로 변화한 지역으로 나누었다. 둘째는 지역 내의 기능특화 영역을 설정하기 위하여 특정 자연자원 사용제약을 해야 되는 우선권이 있는 지대를 설정하는 것이 고려되었다. 그리고 이 기능지역을 도출하기

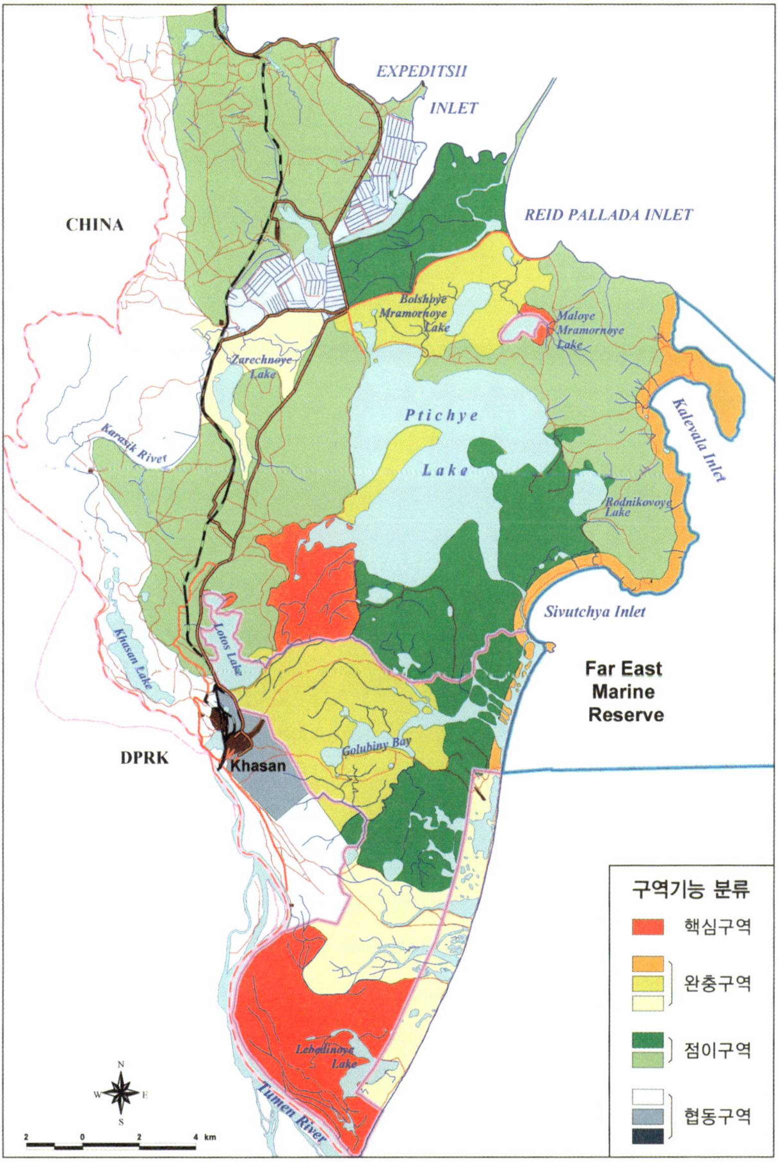

이 기능구역의 분류는 하산을 중심으로 작성되었다.
출처: 러시아 극동태평양 지리연구소 발행물 재가공.

그림 5-16 두만강 하구의 기능지역 분류

위하여 일련의 지역 평가 및 예측 모델이 적용되었으며, 자연보호지역, 생태계 분포도 그리고 기타 다양한 경제활동 상황이 반영되었다. 그리고 실제 기능지역 구분을 위하여 이 지역의 지형기복도, 수로도, 경관도, 토지이용, 도로체계, 수렵경계, 보호지역, 철새도래지, 그리고 관광지 등의 자료가 사용되었다.

러시아 팀은 이 분류 연구를 통하여 하산군(Khasanskii)에 해당되는 두만강 하구지역 전체를 광범위하게 비교 분석하여 3개 기능 지역으로 분류하였다. 그리고 각 기능지역의 특성을 열거하고 지역별로 지속 가능한 최선의 선택이 무엇인가를 평가 분석하였다. 이 지역 기능분류에서 가장 중요한 부분 핵심구역(core protected zone)은 희귀종이 다량 집중되어 있는 습지경관지대로 철새, 물새, 두루미, 독수리들의 서식지를 이루고 있다. 또한 연꽃 서식지를 포함하여 이 전체지역에서 동식물군의 생태계가 대체적으로 인간접근으로부터 영향을 받지 않은 지역에 해당된다. 그리고 두 번째 완충구역(buffer core zone)은 조류의 집중 서식지인데, 이 지역은 보호가 다소 어려우며 이미 외부의 영향을 받았다. 한때 자연화재로 변화를 경험한 지역이다. 대부분의 지역이 서쪽해안에 극동해양생태계보호구역(Far East Marine Biosheric Reserve)과 해안선을 따라 면하고 있으며 일반적으로 생태관광(eco-tourism), 레저 활동, 그리고 관광지역으로 사용할 수 있는 지역이다. 세 번째 구역은 협동구역(cooperative zone)으로 여러 가지 경제활동이 일어나고 있는 구역으로 구분된다. 높고 낮은 구릉지는 관광지로, 한때 새 사냥 지역인 저습지는 사냥구역으로, 그리고 일부 지금은 폐기된 간척된 구역은 가능한 한 농업 목적으로 이용될 수 있다.

이 기능분석연구에서 녹둔도의 대부분 지역은 자연보전의 지속가능한 핵심구역(core zone)과 완충구역(buffer zone)에 속하였다. 그리고 이 녹둔도의 중심부분을 포함하여 자연생태공원(nature park) 보호구역으로 구분하여 보호하도록 권장하고 있다. 하산 남쪽 일부 지역은 협동구역으로 지정하여 특별한 목적을 위한 개발 지역으로 남겨 두었다. 이 기능지역 설정 연구에 따르면 하산 중심지역을 제외하고는 일반 경제활동을 위한 개발은 제한되고 있으며 녹둔도를 포함한 대부분의 지역을 환경보호와 생태다양성 보전지역으로 설정하고 있다. 그러므로 녹둔도의 중심부분은 농지개발이나 기타 경제활동이 한동안 제한적일 수밖에 없는 것으로 평가된다. 비록 하산 국경지역의 좁은 벨트지역에는 상호 협동을 위한 적절한 산업 시설을 유치하여 개발할 수 있는 제 여건을 갖추고 있지만 이것 역시 제한적인 것으로 평가된다.

그러나 이 분류에서 관심 있게 살펴볼 곳은 핵심구역이나 완충구역의 대부분이 1930년에는 대부분 우리 선조들에 의해 농경지로 개척된 바가 있다는 점이다. 특히, 지도상에서 특수구역(special subzone)의 대부분은 북한과 경계지역이기에 환경보호가 필요한 것으로 평가하고 있으나 이 지역의 대부분이 역시 오래전부터 농경지로 개간된 바 있었다. 그러므로 녹둔도의 상당 부분 중 핵심구역의 일부를 제외하고는 어떤 형태로든지 개발이 가능한 것으로 평가된다.

제6장
녹둔도의 지리적 위상

이제까지 두만강 하류와 하구에 녹둔도로 추정되는 지역에 대한 자연, 역사, 취락, 그리고 토지이용을 다루었지만 아직 녹둔도의 실제 위치와 크기 등에 대한 의문은 해결되지 않은 채 남아 있다. 우리 선조가 역사기록에 남긴 녹둔도에 대한 정확한 기록이 있음에도 불구하고 범위와 실체를 파악하는 일은 쉽지 않았다. 그동안 두만강 하류에 반복되는 지형 변화가 있었으며 오랫동안 경작이 유지되지 않고 토지를 방치하여 둔 관계로 그 위치비정을 더욱 어렵게 하고 있다. 뿐만 아니라 기록상에 남긴 녹둔도의 위치나 크기가 기록자마다 모두가 다르기 때문에 어려움이 가중되고 있다. 제5차(2004) 현지답사에서 확인된 초기 녹둔도 토성지로 추정되는 지점에 대한 정밀 발굴이 이루어지면 정확한 위치와 크기, 범위에 대한 비정은 가능하리라고 본다. 이러한 점들을 감안하여 그간에 조사된 고지도와 기록, 지형변화에 대한 객관적 평가, 토지이용 실태에 대한 분석, 현지답사에서 확인된 토성지에 대한 지표조사 등을 종합하여 지리적 위상을 개관하고자 한다.

1. 초기 토성지의 추정과 거주지 흔적

녹둔도의 위치와 개략적인 범위를 확인하기 위해서는 우선 역사기록상에 둔전을 개간하기 위하여 처음 농보를 설치하고 토축을 하였다는 초기 토성의 위치를 찾아내는 일이 가장 중요하다고 생각하였다. 모두 6차에 걸친 답사에서 가장 중점을 두었던 것 역시 토성의 위치를 확인할 수 있으면 이로부터 녹둔도의 전체 윤곽을 확인할 수 있는 근거를 마련할 수 있다고 믿었기 때문이다.

그러나 현장답사에서 이를 찾기란 그리 쉽지 않았다. 일차적으로 현재는 녹둔도가 섬이 아니라 두만강 하류의 넓게 발달한 범람원의 일부로 남아 있기 때문이다. 이 범람원에는 옛 구하도의 일부분이 호수나 작은 세류로 남아 있어 한때는 녹둔도가 하구에 발달한 삼각주 형태의 섬일 가능성도 있었으리라고 짐작이 간다. 그러나 현재는 10m 내외의 구릉지와 사구로 뒤덮여 있는 나지에 지나지 않는다. 여름에는 배수가 좋지 않아 곳곳에 습지가 발달하여 있으며, 구하도에는 여름비로 많은 하수가 공급되어 제법 큰 하천을 이루고 있다(그림 6-1, 6-2). 이러한 하천 하류의 지형적 특성 때문에 처음 이곳에 정착한 개척민이나 둔전 개발 당시의 사람들에게는 이 지역이 큰 섬으로 인식되었을 가능성이 높은 지역이다. 겨울에는 두만강 계곡을 따라 주기적으로 발달하는 탁월풍으로 장기적 거주가 힘든 곳으로 평가되었다. 시기적으로는 언제 두만강 하구의 사구가 형성되었는지는 정확히 알 수 없으나 다양한 유형의 사구가 전 지역에 분포하고 있어 이들 중에서 초기 토성지가 어딘지 찾는 데 어려움이 많았다. 더군다나 대부분의 사구들이 부분적으로 최근 탁월풍에 의해 파괴되고 있어 이들 중에서 일정한 형태를 유지하고 인위적인 토축이 된 축성지를 확인하는 일은 매우 어려운 과제였다.

사구와 습지가 대부분인 이 하구지역은 가을이면 끝없는 갈대숲을 이루었고, 여름이면 습지성 식물과 온갖 야생초로 뒤덮인 야생동물의 서식처이다. 또 장마 때나 여름 강우(降雨) 시에는 거의 전 지역이 물에 잠겨 보트를 타야만 근접할 수 있는 상황이다. 이 같은 여건에서 옛 토성지와 취락지 그리고 농토의 흔적을 찾는 작업은 땅이 얼고 지표상의 식생이 제거되는 겨울철에만 가능하였다.

그림 6–1 배수가 불량한 습지

그림 6–2 겨울의 구하도(녹둔강) 모습

1차(2000년 10월 말) 가을 현장조사와 3차(2002년 7월) 여름 답사 시에는 식생 경관을 파악할 수 있었고, 옛 유적을 파악하는 것은 지표면이 얼어 현장에 접근할 수 있는 2월을 택해 이루어진 2001년, 2003년, 2004년, 2006년 4차례의 답사로 가능하였다. 옛 취락이나 농경지의 자취는 무성하게 자란 갈대밭에 불을 질러[1] 땅바닥이 드러난 후에야 찾을 수 있었다. 50~60km^{2}에 이르는 광활하고 평탄한 하구지역에는 탁월풍의 영향으로 다양한 형태와 방향으로 사구가 널려 있었고, 동해로 흘러드는 샛강을 비롯하여 곳곳에 습지가 발달해 있었다. 옛 취락터와 경작지는 사구를 등지고 해풍을 피할 수 있는 하천 주변의 평지 상에 군데군데 나타났다.

4차례의 겨울 현장답사를 통해 접근 가능한 범위 내 취락들의 위치와 흔적들을 대부분 확인할 수 있었다. 대체적으로 녹둔도에서 취락의 입지는 두만강 하구의 지류(支流)를 끼고 발달하였으며, 마을로 추정되는 곳에는 몇 그루씩의 나무가 자라고 있었다. 집터나 경작지는 사구를 바람막이로 삼아 사구 안쪽에 자리 잡고 있었는데, 경작지는 평지에 반듯하게 조성되었고, 가옥은 터돋움을 한 후 지어진 듯하였다. 집터에 남아 있는 주춧돌의 규모로 볼 때 집의 크기는 2칸 정도로 협소해 보여 이곳 주민들이 농사를 짓는 계절에만 일시적으로 거주했을 가능성도 배제할 수 없었다.[2] 집터 부근에는 반드시 연자맷돌이 놓여 있었고, 주변에는 가마솥, 토기, 등잔, 놋그릇 등의 파편들이 널려 있었다. 특히 깨어진 연자맷돌을 활용해 고인돌 형태로 만들어진 무덤으로 추정되는 구조물을 통해 녹둔 지역이 과거 우리 선조들의 생활 터전이었다는 심증이 더욱 확고해졌다. 그러나 이러한 옛 거주지의 모습은 대부분 20세기 전후하여 두만강을 건너 이 지역으로 이주한 주민들의 것으로 추정되었다(그림 6-3).

---

1 매해 겨울이면 국경지역의 방비를 위해 러시아 국경수비대가 하구 일대에 불을 질러 식생을 제거한다.

2 실제 녹둔도 옛 주거지의 현장답사에서 겨울의 혹한을 견디기 위한 온돌의 구들장 같은 난방시설의 잔재를 찾을 수 없었다.

그림 6-3 옛 농가의 연자맷돌

녹둔도의 초기 토성지와 옛 모습을 찾기 위하여 하산 남쪽의 녹둔도로 추정되는 두만강 범람원 중, 러시아 수비대가 설치한 경계 철책 이남 지역 28km^{2}를 제외한 대부분의 범람원 지역을 6차례에 걸쳐 걸어서 답사하였다. 접근이 통제된 지역이라 현장조사를 할 수는 없었던 군 작전 경계 철책 안은 두만강에 인접하여 대부분이 저지대를 이루고 있어 토축하기가 힘들었을 것이며 하천이 범람할 때 물에 잠기게 되므로 농경지 개발에 부적절하였을 것이다. 뿐만 아니라 철책선 남쪽지역은 녹둔도가 경흥군 조산(현재 높이 120.7m)에서 20~30리 정도 떨어져 있었다는 기록을 감안해 볼 때 거리상으로 너무 원거리에 있어 토성을 구축하였을 가능성이 없는 것으로 평가하였다. 비록 이 철책선 남쪽지역에 대한 실제 답사를 하지 못하였지만 녹둔도 전반에 걸친 현황 파악에는 무리가 없었다.

현장조사를 통해 토성과 유사한 토축지를 2~3곳 찾았지만 2004년 답사 시에 집중답사한 한 사구형태의 토축지가 주변 상황을 고려할 때 가장 유력한 토성지로 추정되었다. <그림 6-4>와 <그림 6-5>에 붉게 표시한 곳

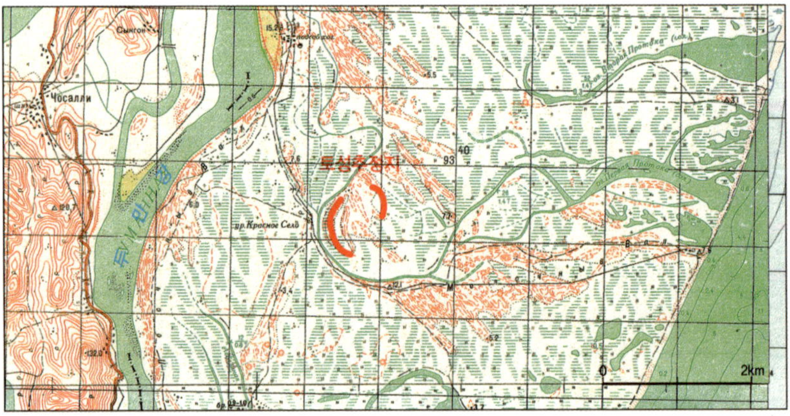

그림 6-4 녹둔도 중심부에 있는 토성지 추정 위치(1/5만 지도)

이 녹둔도 초기 토성지로 추정되었다. 토성지로 추정되는 이 자연지형은 육안으로 볼 때 주변의 자연사구들과는 확연하게 구분되는 토색을 띠고 있어 인위적으로 성축되었음을 짐작케 할 수 있었다. 이 구조물은 동해로 흘러가는 두만강의 구지류와 가까이 있으며, 녹둔강을 따라 발달한 높은 사구(약 12m)들로부터 북쪽에 자리 잡고 있다. 이 위치는 조산으로부터 4~6km 정도의 거리에 있어 역사기록과도 부합한다(그림 6-5). 이 구조물은 남북방향으로 나란히 뻗은 두 사구의 남단을 서로 연결하여 자연스럽게 타원형의 토성으로 구축한 것 같았다. 동서 토벽 사이의 폭은 보측으로 약 150m 정도, 남북의 길이는 대략 600~700m로 장방형의 모습이었다.

두만강 하구지역에서 볼 수 있는 대부분의 자연사구들은 배열이 불규칙하고 높이가 일정하지 않으며 부분적으로 개석된 채로 남아 있는데 비해, 이 추정지의 동과 서 양측의 구릉은 높이가 균일하였다(그림 6-6, 6-7, 6-8, 6-9). 토성으로 추측되는 벽의 두께는 윗부분이 2~3m이고 아랫부분은 7~8m로 자연사구와 형태가 비슷하였으나, 약 6~7m의 균일한 높이로 연속되어 있어 자연사구 위에 인위적으로 토축하여 토성 벽을 높인 것으로 보였다. 동・서・남쪽 면의 토성 모양과는 달리 북측 면의 유사 토성은 중앙 부분이 열려 있었는데 통로로 이용된 때문인지 상당 부분이 파괴되어 있었다.

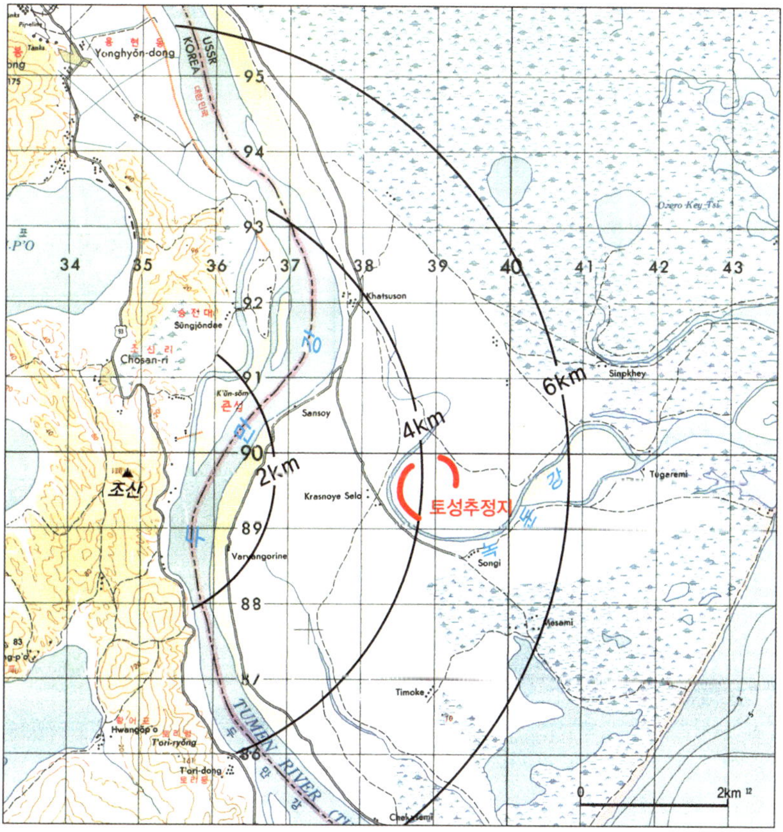

그림 6-5 북한 조산(造山)에서 녹둔도까지 실제 거리

토성으로 보이는 이 구릉은 북쪽과 남쪽이 모두 두만강 지류와 바로 연계될 수 있는 유리한 지점에 위치하고 있었으며, 사구 위에 토축된 것으로 추측되는 토성의 주변과 내부의 토양이 다른 사구들과 확연히 구분되는 검은색을 띠고 있어 멀리서 보아도 식별이 가능하였다. 그리고 성 내부에는 이곳에 마지막으로 정착한 한인들이 경작지로 사용한 밭이랑의 흔적이 남아 있었고, 토성 주변에는 집터와 연자방아들이 널려 있었다. 또 성 내부에서 두만강 넘어 경흥군 조산리의 조산(造山)이 바로 시야에 들어왔다. 이 장방형의 토성 남쪽에는 소규모 타원형 모양의 토축성이 연이어 있었는데 이

그림 6-6 추정되는 토성지의 원경

그림 6-7 추정되는 서측 토성

그림 6-8 토성 내부와 동측 토성벽

그림 6-9 토성 내부에서 본 조산

그림 6-10 양쪽 성벽과 토성 내부

그림 6-11 토성 내부의 경작지 흔적과 서쪽 성벽

역시 토축 내부에는 경작지의 흔적이, 토축 외부에는 집터의 흔적과 연자방아, 생활 집기들이 뒹굴고 있었다(그림 6-10, 6-11).

초기 토성지로 추정되는 이 지역 주변에는 옛 농가의 집터가 20여 개 정도 집중 분포하고 있었다. 대부분은 농가의 구조물은 없어지고 일부 주춧돌과 연자방아가 집터였음을 추측케 하였다. 개간 당시에는 봄에 건너와 가을 추수 후에 두만강을 건너 돌아갔기 때문에 사실상 추운 겨울을 지내기 위한 영구 농가가 필요 없었을 것으로 생각된다. 이러한 월경 형태가 오래 계속된 것으로 보아 광범위한 이 지역에서 영구적인 농가의 구조물과 그 외에 특유한 유적지를 찾기 힘든 것이 아닌가 하는 생각을 하였다. 여하튼 오랫동안 개간하여 농사를 짓고 생활 터전을 마련한 근거지로서는 현존하는 유적과 집단 거주지의 현저한 모습이 많이 남아 있지 않다는 점이 특이하다.

2. 녹둔도 위치 비정과 범위

녹둔도의 위치와 크기, 범위에 대한 역사적 기록과 고지도는 이미 2장에서 자세히 다루었듯이 많은 혼돈을 가져다주고 있다. 그중 의문의 하나는 '녹둔도는 과연 실제 섬이었을까'였다. 고지도상에는 대다수의 지도들이 해도(海島)로 표기하고 있는가 하면, 일부 지도는 두만강 하구 상에 퇴적되어 생성된 삼각주로, 또 다른 지도들은 범람원의 일부분인 하중도 모양의 섬으로 인식하였던 것으로 보인다. 고지도상의 녹둔도 표기에 따라 섬의 여부나 정확한 위치 규모를 판정하는 데는 많은 어려움이 있다. 이러한 고지도의 녹둔도 표기는 현장답사를 기초로 만들지 못하였기 때문이라고 생각된다. 다행히 19세기 후기에 만들어진 지방고지도의 경우는 모두 녹둔도를 두만강의 동쪽 범람원의 대부분을 차지하는 것으로 표기하고 있어 녹둔도는 섬이 아니고 두만강 하구 동쪽 저지대를 지칭하고 있다.

그럼에도 불구하고 많은 고지도에서 해도나 삼각주와 같은 섬으로 표기한 것은 하천하류에 발달하는 범람원의 지형적 특성 때문에 섬으로 오해하였을 가능성도 있다. 이러한 가정은 현재 두만강 하류의 대부분을 차지하는 범람원의 낮은 지형 발달과 내부에 복잡한 구하도의 흔적을 보더라도 여름 한철 비가 많을 때는 구하도에 물이 공급되어 제법 큰 하천을 이루기 때문에 녹둔도가 섬으로 인식될 수 있다는 점이다. 특히, 이러한 오해는 역사적 기록 중에는 녹둔도가 섬에서 육지로 연륙되었다는 정확한 기록이 없다는 점과 여름에 범람원에 대한 정확한 실사를 하지 못한 점 때문에 오랫동안 섬으로 인식하지 않았는가 생각된다. 최근 러시아 학자들에 따르면 두만강 하류에서 구하도의 변화는 대부분 역사시대 이전에 있었던 것으로 보고 있기 때문에 역사시대 두만강 하구의 넓은 부분이 섬으로 존재하였을 가능성은 대단히 적다고 볼 수 있다.

이 때문에 고지도에 따라 녹둔도의 정확한 위치나 규모 그리고 범위를 비정하기가 어렵게 되어 있다. 더군다나 1930년대 이래 거주민을 소개한 이후 오랫동안 유휴지로 방치한 까닭에 많은 지표의 변화가 동반되어 기존의 개간된 경작지의 대부분이 훼손되고 확인이 어려운 상태에 있다. 그러나 답사에서 확인된 거주지 분포와 그간에 제작된 1/5만 지도상에 표시된 토지이용과 취락분포를 종합하여 개략적인 위지와 규모를 예상할 수 있다.

1/5만 지도로는 모두 3개 종류의 지도를 현재 녹둔도 위치 분석에 이용할 수 있다. 가장 오래된 것으로 1926년(다이쇼 15년 발행, 다이쇼 6년 실측)에 일본인에 의해 발행된 것으로 이 지도상에는 두만강 동측 범람원 대부분을 녹도(鹿島)라 표기하고 있다. 그리고 구하도인 녹둔강을 중심으로 발달한 6개 촌락에 이름을 명기하고 있다. 그리고 두만강 연안을 따라 발달한 4개의 촌락의 이름을 지도상에 명기하였다. 이 촌락의 분포로 보아 녹둔도의 중심지는 녹둔강 중심으로 형성된 상소(上所), 중소(中所), 성장(城場), 세가리미, 두가리미, 앞세가리미가 그 중심 촌락을 이루고 있음을 짐작케 한다. 두만강가에 작포도(雀浦島)와 북한의 토리동(土里洞) 사이에는 유일한 나루터가 있었던 것으로 표기되어 있다. 이 지도에서는 기복의 표현과 피복 그리고 토지이용 개관이 모두 삭제되어 있어 보다 자세한 현황을 알 수가 없다(그림 6-12). 이 지도에 의하면 녹둔도의 개략적인 위치는 현재 두만강 하구 범람

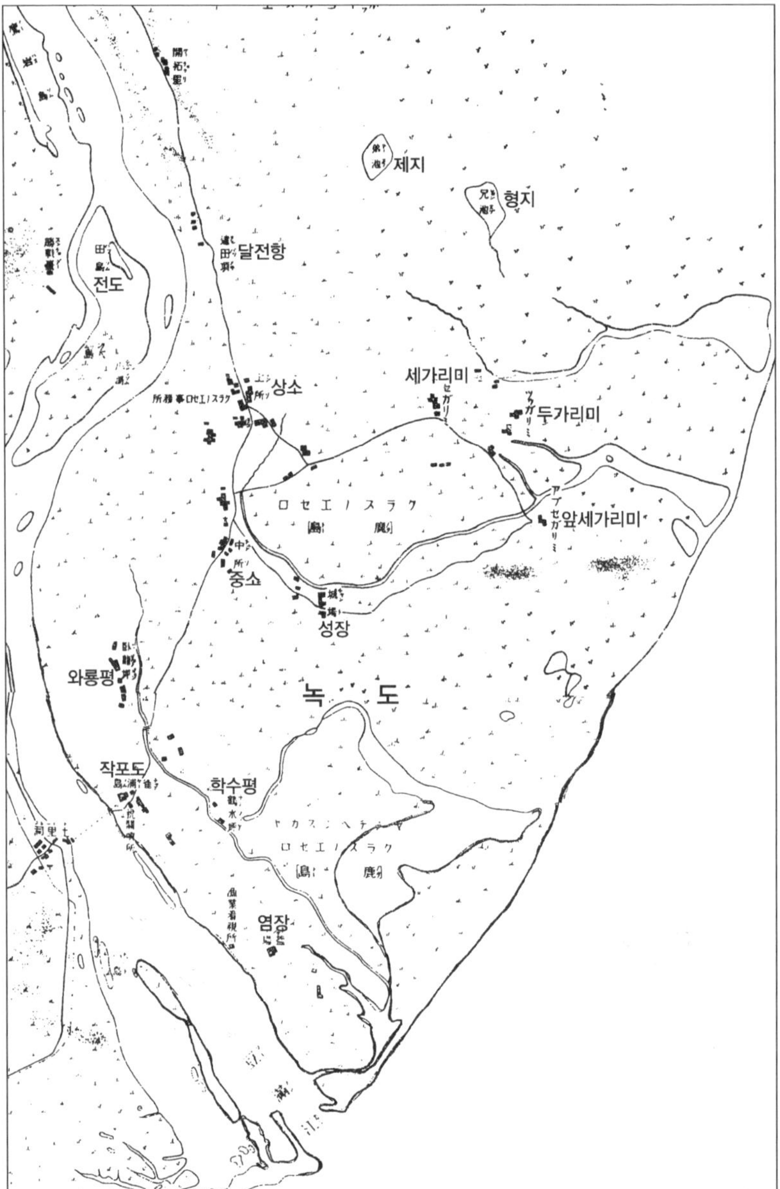

그림 6-12 일본 지도상의 녹둔도 중심부(1926, 1/5만 지도)

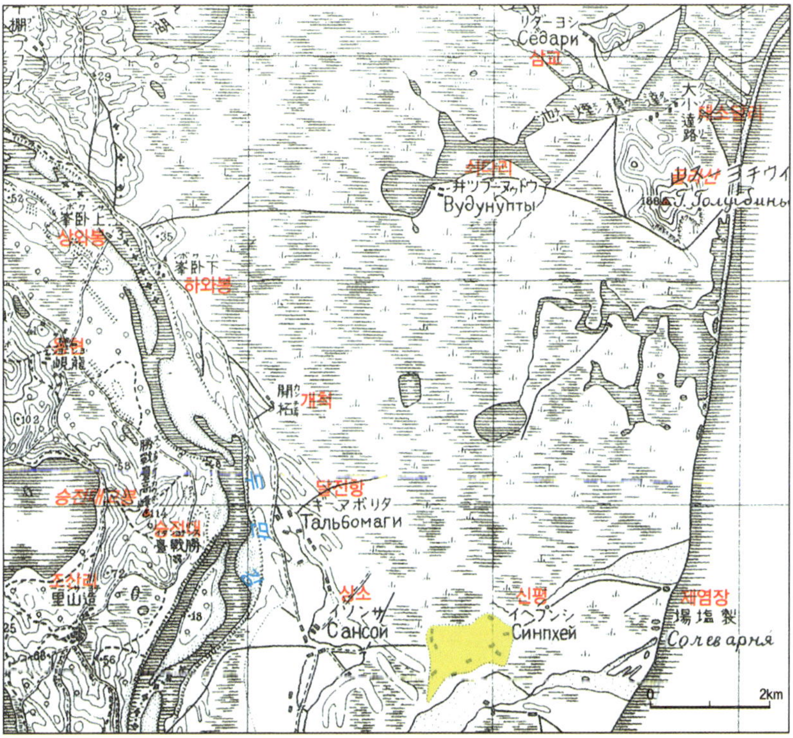

그림 6-13 일본 지도상의 녹둔도 중심부(1936, 1/10만 지도)

원의 대부분으로 1920년대 발달한 촌락을 모두 포함하는 지역으로 예단하여도 무방할 것으로 보인다. 그리고 1936년(쇼와 11년 개정판) 제작된 만주 10만분지1 조산리도폭에 따르면(그림 6-13) 러시아에서 이곳 거주자 추방 이전에 녹둔도 중심부의 농경지 분포 변화를 살필 수 있다. 즉 토지 이용상으로 보아 상소와 달전항을 제외하고는 중심부에 산재하였던 촌락들을 신평 구역 내에 모두 집단농장화하여 통제하지 않았는가 추정한다.

두 번째 1/5만 지도는 1973년 미국 미국정부국방지도제작소(Defence Mapping Agency)에서 제작된 것으로 지도상에는 녹둔도라는 표기가 없으며 자세한 기록 역시 찾아볼 수 없다. 또한 항공정보를 사용하였는지 여부도 알 수 없다. 그런데 두만강 하구 녹둔도로 지칭되는 이 지역에 Khatsuson,

Sinpkhey, Sansoy, Krasnoye Selo, Vayangorine, Songi, Tugaremi, Mesami, Timoke, Chekasemi, Kamguy 등 11개 촌락명을 명기하고 있어 지도의 정확성에 의문이 간다. 즉, 현재 답사와 기록으로 보아 1930년대 이후 이 지역의 모든 거주민이 소개된 이후 재정착한 기록이 없음에도 이 시기에 만들어진 지도상에 촌락의 이름과 분포를 그린 것은 많은 의문을 제기하고 있다. 혹여 이 지역에 대한 항공사진 자료 접근이 어려워 기존의 오래된 자료를 사용하였을 가능성이 크다(그림 5-8 참조).

반면에 이 지도상에 표현한 토지이용 현황은 녹둔도의 위상을 짐작하는데 직접적인 자료를 제공하여 준다. 현재 지도상에서 토지이용은 경작이 가능한 토지와 습지 혹은 늪 지역으로 양분하고 있다. 위에 11개 촌락들은 대부분 경작이 가능한 개간지에 분포하고 있으며 나머지 5개는 개간지와 습지 경계상에 위치하고 있다. 경작 가능한 개간지로 평가되는 지역은 두만강 서측연안을 따라서 넓게 발달하고 있으며 연안에서 멀어질수록 점점 좁아지는 형태를 이루고 있다. 이러한 개간형태는 녹둔도가 경작지로 개척되었던 역사적 과정을 표현하고 있다고 본다. 즉, 두만강을 건너 연안지역이 먼저 개간되고 점차 동쪽으로 그 개간의 영역이 확대되었기 때문에 나타나는 현상으로 볼 수 있다. 만일 이러한 관찰과 분석이 맞는다면 녹둔도의 위치는 두만강 하구에 형성된 대부분의 범람원을 지칭한다고 하여도 무방할 것으로 생각된다.

세 번째 자료는 러시아가 1989년에 제작한 1/5만 지도로 1972~1983년간에 지리적 현황을 담고 있다. 현재 얻을 수 있는 대축척지도 중에서 가장 최신의 것이다(그림 5-1 참조). 이 지도상에서는 녹둔도로 추정되는 범람원상에는 촌락의 표기나 분포가 나타나지 않고 있다. 토지이용상에는 대부분이 습지와 초지가 표기되어 있으며 대체적인 사구의 분포와 방향을 자세히 살필 수 있다. 이 지도상의 정보에 따르면 촌락이나 토지이용상태로 보아 대부분 이비거지로 인공구조물을 하나도 관찰할 수 없다. 최근 본 연구팀이 현장에서 확인한 바와 거의 동일한 현황으로 파악된다. 또한, 지도상에 어느 부분에도 이 넓은 범람원을 지칭하는 지역 명칭이 표기되어 있지 않아 이 지도 정보를 이용하여 녹둔도의 위치나 범위를 확인하는 일은 거의 불가능하다.

지도 관련 자료로는 북한에서 1961년 제작한 1/5만 지도가 있으나 두만강 국경 넘어 지역에 대한 부분은 포함하지 않아 녹둔도 지역에 대한 현황을 알 수가 없다. 그리고 중국 역시 1/5만 지도의 경우 자국의 경계 밖이라 현재로는 관련 자료를 열람하기 어렵다. 그러나 중국이 1969년 제작한 1/10만 지도상에는 녹둔도의 주요 부분이 대부분 나타나는데 이 지역에 대한 대표적인 지역 명칭이 없으며 구하도의 하천명과 2개의 촌락명 만이 기재되어 있다. 그러나 이 지역의 토지이용 특성을 "사람이 통행 가능한 소택지 중에 염생갈대와 풀이 있다[能通行的沼澤地中染生蘆葦及草]"라고 명시하고 있으며 그 외 토지이용 부분은 러시아 1/5만 지도와 유사하다(그림 6-14).

위와 같이 촌락의 분포 지역과 토지이용에 대한 종합적인 평가를 통하여

그림 6-14 중국 지도상의 녹둔도 중심부(1969, 1/10만 지도)

녹둔도의 위치와 범위를 정확히 밝히기에 아직 많은 문제점이 있다. 현재 상태에서 이를 밝혀내는 일은 또 다른 광범위한 지표조사와 발굴조사가 뒤따르지 않는 한 추정에 의존할 수밖에 없다. 녹둔도에 대한 범위를 밝힐 수 있는 다른 접근으로는 20세기 초 이곳에 거주한 한인들의 거주지 촌락의 이름을 통하여 개략적 윤곽을 파악하는 길이 있으나 이 역시 하산을 중심으로 크라스키노까지 광범위한 지역에 거주한 한인들의 마을 이름이 모두 한국식 명칭을 가지고 있어 이를 통한 녹둔도 범위를 파악하는 데도 다소간의 어려움이 있다. 그러나 현재 녹둔도로 추정되는 하산 이하의 대부분 지역에 나타나는 촌락 지명들은 한인들의 거주지였음이 확인되고 있어 녹둔도의 범위가 상당히 넓었음을 짐작할 수 있다.

3. 녹둔도의 지리적 인식

녹둔도에 대한 여러 차례의 답사를 실시하고 고지도와 기록들을 종합적으로 분석 정리하였으나 그 위상을 명확히 밝히는 일은 그리 쉽지 않았다. 녹둔도가 처음부터 섬이였느냐는 의문부터 시작하여 역사시기 동안 어떻게 하천 지형변화가 있었으며, 어느 정도 농토가 개간되었는가, 그리고 얼마나 많은 주민이 거주하였는가 하는 문제점들을 해결하는 데는 아직 상당한 시간이 필요하다고 할 수 있다. 그러나 그간에 연구로 볼 때 일차적으로 녹둔도가 역사시대에 섬이었을 가능성은 그리 높지 않으며, 하기 범람 시 일부 지역이 구하도를 따라 하천이 형성되어 섬과 같이 인식되었으리라고 생각한다. 그리고 현재 산재하고 있는 옛 농경지의 흔적과 위치로 보아 넓게 분포하고 있는 사구군은 범람원 개간 이전에 상당 부분이 형성된 것으로 보이며 최근에 그 일부분이 탁월풍에 의해 파괴되고 있는 것으로 관찰되었다. 녹둔도의 하천지형 변화가 역사시대 이래 안정적이었다는 가정을 받아들인다면 녹둔도의 지리적 위상을 평가하는 일은 현존하는 농가의 옛 집터, 토성지, 옛 농경지, 옛 고지도상에 촌락지명 및 기타 답사 정보에 의존할 수밖에 없다. 그리고 녹둔도는 행정단위에 의해 규정되는 구역이 아니고 국경지역에 농지개척을 위해 삶의 터전이 이루어졌던 관계로 그 지역적 인식은 시기에 따라 그리고 어떤 시각에서 보았느냐에 의해 각기 다를 수 있어 그 지리적 특성을 종합하는 일이 더욱 중요하다.

현재 본 연구를 통해서 인식할 수 있는 녹둔도는 다음 3개 특성을 갖춘 지역으로 나누어 기술할 수 있다. 첫째는 역사적 사실에 의거 초기 개척 단계에서 설치된 농보를 토대로 녹둔도를 인식하려는 것이다. 이 경우 녹둔도는 이번 연구에서 추정된 녹둔도의 토성지와 그 주변 지역이 될 것이며 핵심지역이 될 것이다. 현재 추정되는 토성지와 주변 경지를 포함하는 지역은 좁은 의미의 녹둔도라고 할 수 있으며 개략 4~6km^2로 추정되는 지역으로 녹둔도 중심부에 자리를 잡고 있다고 할 수 있다. 또한 이 토성지는 녹둔강이라고 하는 구하도에 의해 반월모양으로 둘러싸여 있는 지역으로 두만강 하구의 범람원 중심부에 위치한다(그림 6-15).

그리고 두 번째 녹둔도라고 지칭할 수 있는 범위는 초기 녹둔도 토성지의 주변에 19세기 이후 정착한 것으로 평가되는 10여 개 촌락을 포함하고 그 외곽에 개간된 모든 경지를 합치는 지역을 말할 수 있다. 이 범위는 두만강 하구에 발달한 범람원 상에 있는 대부분의 사구를 포함하고 상당부분의 미개간된 습지와 초지를 포함하는 넓은 지역에 해당된다.

이들 촌락의 위치는 일부가 경작가능지에 산재하고 있으며 대부분은 개간가능한 초지와 접적 지역에 위치하고 있어 1930년대까지도 녹둔도는 경지개척이 활발히 진행되고 있었으며 보다 많은 농민을 수용할 수 있는 잠재력을 갖고 있었음을 짐작할 수 있다. 녹둔도의 핵심지인 초기 토성지와 이를 중심으로 널리 확대된 경작의 한계는 규정하기 힘들지만 1973년 지도상에 유익한 자료를 원용한다면(그림 5-8 참조) 개략적으로 일부 동쪽 해안에 거칠은 지역을 제외하고 약 35km^2 정도가 일반적인 녹둔도라고 할 수 있다.

마지막으로 세번째 녹둔도라고 하는 지역은 넓은 의미에서 살펴볼 수 있

그림 6-15 녹둔도의 지리적 특색

는데 하산에서 동쪽 해안에 면해 있는 골라산(Gora Golubinvyy Utes) 남쪽 지역에 펼쳐지는 대부분의 미개척지와 낮은 해안 저지대를 모두 포함하는 범위이다. 이 넓은 지역을 하나로 녹둔도라고 할 수 있는 것은 북쪽 하산에서 남으로 펼쳐진 광활한 해안 저지대와 습지, 초지 발달 등 공통적인 자연 특성을 갖추고 있기 때문이다. 특히, 이 범위에 포함되는 넓은 지역 중 북쪽의 대부분이 미개척지로 남아 있으며 19세기에 일부 정착촌이 설치되었으나 그 역할은 미미하였던 것으로 보인다.

이같이 녹둔도는 3개의 다른 지리적 특성을 가진 소지역들이 하나로 구성되어 있다고 할 수 있다. 본 연구에서 국경수비대 철책선 남쪽지역에 대한 답사를 실시하지 못하여 전체를 종합할 수는 없었지만 녹둔도의 핵심부분으로 평가되는 지역에 대한 연구 기록을 남길 수 있어 다행으로 생각한다. 그리고 이 연구를 통하여 그간 고기록과 고지도상에 일부 녹둔도에 관한 오해와 잘못된 지리적 인식을 불식할 수 있는 계기가 되기를 바란다.

참고문헌

강석화, 2002, 『조선후기 함경도와 북방영토 의식』, 경세원.

高承濟, 1973, 『韓國移民史硏究』, 한국학중앙연구원장서각.

慶興郡誌編纂委員會, 1988, 『咸鏡北道 慶興郡誌』.

國學振興硏究事業推進委員會, 2007, 『俄國輿地圖』, 한국학중앙연구원장서각.

金炅春, 1985, 「韓露國境線形成問題考」, 『현암 신국주박사 화갑기념 한국학논총』, 동국대학교 출판부.

______, 1986, 「豆滿江 下流의 KOREA IRREDENTA에 對한 一考」, 『朝鮮時代 北方關係史 論攷』 2, 白山學會, 1020-1024쪽.

______, 1990, 「두만강하류역에 있어서의 국경분쟁」, 『동국사학』, 19・20, 421-465쪽.

金得榥, 1992, 「조선의 北方疆界에 관하여」, 『白山學報』, 16, 白山學會, 139-143쪽.

______, 2005, 『만주의 역사와 간도문제』, 남강기획출판부.

金盛德 편저, 1967, 『咸北大觀』, 正文社.

김승화(정태수 편역), 1989, 『蘇聯韓族史』, 대한교과서주식회사.

김연옥, 1985, 『한국의 기후와 문화: 한국 기후의 문화 역사적 연구』, 이화여자대학교 출판부.

김우철 외 역, 2009, 『輿地圖書: 咸鏡道 慶興都邑府邑誌』, 흐름.

김 원, 1992, 「두만강 개발계획의 가능성과 추진전략」, 『북한』, 250, 24-29쪽.

김태홍, 1991, 「두만강개발의 내용과 전망」, 『한국동북아경제연구회 제7차 연례학술대회논문요약집』, 4-14쪽.

김학수, 1993, 「두만강유역 개발구상에 대한 논의와 전망」, 『정책연구』, 93-05, 대외정책연구원.

남만주철도주식회사, 1940, 『極東ソ聯要覽』, 北滿經濟調査所.

盧啓鉉, 1996, 「두만강 녹둔도 영유권문제」, 『한국방송통신대논문집』, 21, 165-189쪽.

______, 2001, 『조선의 영토』(개정판), 한국방송통신대학교 출판부, 81-111쪽.

노영돈, 2005, 「녹둔도 노령화 과정과 그 현대적 음미」, 『白山學報』, 73, 285-333쪽.

민태원 외, 이지누 편, 『잃어버린 풍경 2, 1920~1940 백두산을 찾아서』, 호미.

박병용, 2005, 「연해주를 둘러싼 한국과 러시아 영토문제: 1650년에서 1900년까지」, 『북방사 논총』, 4, 고구려연구재단.
박용석, 1993, 『러시아 연해지방의 경제와 투자환경』, 산업연구원.
박진환, 2003, 『극동러시아 농업과 자원개발』, 국제농업개발원.
潘炳律, 2003a, 「러시아의 한인 발자취를 찾아서: 한·러·중 국경지역 한인마을」, 『신동아』, 46(8), 588-599쪽.
______, 2003b, 「러시아 최초의 한인 마을 地新墟」, 『한국근현대사연구』, 26, 209-239쪽.
______, 2010, 「러시아 연해주 두만강하구의 한인마을 크라스노예 셀로(鹿屯島)의 형성과 변화」, 『한국근현대사연구』, 54, 7-35쪽.
裵祐晟, 1995, 「古地圖를 통해 본 18세기 北方政策」, 『규장각』, 서울대학교 규장각, 69-125.
______, 1998, 『조선 후기 국토관과 천하관의 변화』, 일지사.
白山學會 編, 1998, 『韓國의 北方領土』, 백산자료원.
비숍, 이사벨라 버드(신복룡 (역)), 2000, 『조선과 그 이웃 나라들』, 집문당(Bishop, I. B., 1897, *Korea and Her Neighbors*, New York: Fleming H. Revell Co.).
사브꾸노프, 에. 웨.(송기호·정석배(역)), 1996, 『러시아 연해주와 발해역사』, 민음사.
서무송·서인명·서원명, 2004, 『지리학 삼부자의 중국지리답사기』, 푸른길.
『世宗實錄地理志』, 「咸吉道 慶興都護府」.
申承權, 1993, 「江左輿地記, 俄國輿地圖 解題」, 『江北日記 江左輿地記 俄國輿地圖』, 한국학자료총서 二, 정신문화연구원.
『新增東國輿地勝覽』, 東國文化社, 影印本(1991).
申弼銖, 2004, 『松鶴 申弼銖 自敍傳』, 도서출판 키-워드.
심의섭·이광훈, 2001, 『두만강 개발 10년의 평가와 전망』, 대외경제정책연구원.
송기호, 1996, 「연해주의 발해유적 연구동향」, 『아시아 문화』, 12, 93-116쪽.
안재섭, 2004, 「두만강 하류지역의 토지이용에 관한 연구」, 『지리학연구』, 38(2), 155-165쪽.
양태진, 1980, 「韓露國境線上의 鹿屯島」, 『韓國學報』, 19, 157-174쪽.
______, 1981, 「한-러 국경 형성의 배경과 녹둔도 상실」, 『백산학보』.
______, 1981, 『韓國의 國境硏究』, 同和出版公社.
______, 1991, 「두만강 하류지역의 '핫싼' 경제특구 설정설과 토자비에 관한 논고」, 『북한학보』, 15, 147-176쪽.
______, 1992, 『한국의 국경사 연구』, 법경출판사.
______, 1997, 「연해주 지역의 한인이민과 녹둔도의 영속문제」, 『한국북방학회논집』, 3, 220-248쪽.

______, 1999, 『近代韓國境論考』, 景仁文化社.

魚允中, 1883, 『從政年表』.

柳永博, 1976, 「鹿屯島의 歸屬問題」, 『학술원 논문집: 인문사회과학편』, 15, 121-143쪽.

______, 1977, 「鹿屯島의 연육과정과 국경분쟁의 미결유산」, 『진단학보』, 44, 26-30쪽.

______, 1980, 「장서각 소장 강좌여지기 논고」, 『국학자료』.

______, 1985, 「對淸關係에서 본 鹿屯島의 歸屬問題」, 『領土問題硏究』, 2, 고려대학교 민족문화연구소, 13-29쪽.

유진삼 · 김추윤 · 권원기, 2001, 「남북철도 복원에 따른 중 · 러 · 몽골 대륙철도망과의 연계와 효과」, 『지리학 연구』, 35(3), 283-296쪽.

유충걸, 1993, 「두만강 하류지역의 자연자원과 이용」, 『북한』, 125-148쪽.

「耳溪集」, 洪良浩, 『한국문집총간』, 241, 민족문화추진위원회(2000).

이기석, 1992, 「러시아 극동 경제특구 지역의 입지특색에 관한 연구」, 『러시아연구』, 2, 77-96쪽.

이기석 · 남영, 1999, 「다분광 TM 영상 변환기법과 감독 분류 정확도 비교연구: 두만강 유역을 중심으로」, 『한국측지학회지』, 17-3, 311-320쪽.

이기석 · 이옥희 · 류충걸, 1994, 「두만강 하류의 지역구조 연구」, 『지역연구』, 서울대 지역종합연구소, 31(4), 1-72쪽.

이기석 · 이옥희 · 최한성 · 안재섭, 2000, 「두만강 하구 녹둔도의 자연과 토지이용 특색: 현장답사를 중심으로」, 『地理教育論集』, 44, 13-25쪽.

이기석 · 이옥희 · 최한성 · 김종범 · 남영 · 안재섭, 1999, 「두만강(도문강) 유역 토지자원 종합평가」, 『지리 · 환경교육』, 7(2), 429-476쪽.

이기석 · 이옥희 · 최한성 · 안재섭 · 남영, 2002, 「나진-선봉 경제 무역 지대의 입지특성과 지역구조」, 『대한지리학회지』, 37(4), 293-316쪽.

이상근, 1996, 『韓人露領移住史研究』, 탐구당.

이상태, 1999, 『한국 고지도 발달사』, 혜안.

이옥희, 2000, 「중계수송기지로서 나진-선봉의 입지특성」, 『이화지리총서』, 10, 79-98쪽.

______, 2004, 「두만강 하구 녹둔도의 위치 비정에 관한 연구」, 『대한지리학회지』, 39(3), 344-359쪽.

______, 2011, 『북 · 중 접경지역: 전환기 북 · 중 접경지역의 도시네트워크』, 푸른길.

이왕무, 2011, 「조선시대 녹둔도(鹿屯島)의 역사와 영역 변화」, 『정신문화연구』, 34(1), 119-241쪽.

이 욱, 2005, 「17~18세기 犯越사건을 통해 본 함경도 주민의 경제생활」, 『韓國史學報』, 20, 139-164쪽.

李燦 편저, 1991, 『한국의 고지도』, 범우사.

임철호, 1992, 「훈춘시 토지자원구조 조절연구」, 『지리학연구』, 20, 125-132쪽.
丁若鏞, 1814, 『大同水經』, 북한 과학원 고전연구소 역, 여강출판사.
정인섭, 2007, 「統一 後 한러 국경의 획정」, 『서울국제법연구』, 14(1), 55-99쪽.
정태홍, 1995, 「북방국경선과 녹둔도」, 『충청전문대박물관지』, 4, 5-13쪽.
趙 珖, 1976, 「朝鮮後期의 邊境意識」, 『白山學報』, 16, 163-164쪽.
『從政年表』, 魚允中(1883).
정신문화연구원, 1991, 『한국민족문화대백과사전』.
통일원 교류협력국, 1991, 「두만강지역 개발관련 UNDP 기술조사단 타당성 조사 보고서」.
한국고지도편찬위원회, 2012, 『국토의 표상』, 동북아역사재단.
한명기, 2009, 『정묘・병자호란과 동아시아』, 푸른역사.

日本外務省, 1890, 「日本外交文書: 鹿屯島關係秘密文書」, 第14, 15号(1890년 7, 8월).
______, 1881~1890, 『鹿屯島關係文書』(李鍾學 藏).
日本外務省, 『鹿屯島關係雜綴』(明治 19年 11月~23年 9月).
長永義正, 1932, 『朝鮮人の間島』, 大阪屋號書店.
恒屋盛服, 1904, 『朝鮮開化史(全)』, 東亞同文會藏版.

Ganzei, L. A. and Razhigaeva, N. G., 1990, "The composition of the soils in eolian deposits of primorye," *Quaternary Events and Stratigraphy of Eurasia and Pacific Region*, Yakutsk, pp. 48-49.
Jones, G. A. and Kuzmin, Y. V., 1995, *Complex Study of Holocene Coastal Sediments of Peter the Great Bay*, Moscow: Bagira Press.
Korotkii, A. M., 1983, *Paleogeomorphological Analysis of Relief and Sediments of the Mountain Regions (on Example of Far East)*, Moscow: Nauka, 246p.
Korotkii, A. M., Karaulova, L. P., and Troitskaya, T. S., 1980, *Quaternary Deposits of Primorye* (stratigraphy and paleogeography), Novosibirsk: Nauka.
Korotkii, A. M. and Vostretsov, Y. E., 1998, *Geographical, Environmental and Cultural Dynamics in the Middle Holocene in the Peter the Great Bay*, Vladivostok: Dalnauka.
Korotkii A. M., Grebennikova, T. A., Pushkar, V. S., Razhjigaeva, N. G., Volkov V. G., Ganzei, L. A., Mokhova, L. M., Bazarova, V. B., and Makarova T. R., 1996, *Climatic Changes on the Southern Far East in Late Cenozoic (Miocene-Pleistocene)*, Vladivostok: Dalnauka.
Moschenko, A. V., Vanin, N. S., and Lamykina, A. E., 2001, "Bottom relief, sediments and hydrological conditions of the Russian part of the mouth area of the Tumen

River," *The State of Environment and Biota of the Southwestern Part of Peter the Great Bay and the Tumen River Mouth*, Vladivostok: Dalnauka, v. 1, pp. 39-71.
The United Nations Industrial Development Organization (UNIDO), 1991, *Pre-Investment Study for the Establishment of a Free Economic Zone in Primorsky Region: Development Concept of Greater Vladivostok Free Economic Zone,* Vienna: UNIDO).

<年代記>
『朝鮮王朝實錄』
『備邊司謄錄』
『承政院日記』

<地誌書>
『慶興都府護邑誌』
『慶興府邑誌』
『關北誌』(1859, 윤정선 편저)
『關北邑誌』
『大東地志』
『東國輿地勝覽』
『北關誌』(李端夏 편서)
『北路紀略』(1830년대로 추정, 鄭允容)
『世宗實錄地理志』
『新增東國輿地勝覽』
『輿地圖書』
『朝鮮時代私選邑誌』

<古地圖>
『關北地圖』
『廣輿圖』
『大東輿地圖』
『東覽圖(咸鏡道)』
『東輿圖』
『東輿備考 地圖』
『北關地圖』
『備邊司地圖』(慶興府)
『西北彼我兩界萬里一覽之圖』

『俄境地圖』
『俄國輿地圖』
『輿地圖書』의 慶興府 地圖
『遙薊關防圖』
『朝鮮女眞兩界境界圖』
『朝鮮八道古今總覽圖』
『朝鮮八道地圖』
『八道地圖』(咸鏡道)
『咸鏡道北關地圖』
『咸鏡道全圖』
『海東地圖』(慶興府)

<영인 지도자료>
서울대학교 규장각, 1991, 『古書와 古地圖로 보는 北韓』
서울대학교 규장각, 1995, 『朝鮮時代 地方地圖』
『朝鮮半島 1/5萬 地圖集成』(學生社)
『러시아 연해주 포시에트 구역 지도』(1931)

찾아보기

ㄹ

ㅁ

ㅂ

ㅈ

Abstract

A Study of Nokdundo in the Lower Tuman River Area

Lee Ki-Suk, Lee Ock Hee, Choe Han Sung, Ahn Jae-Seob, and Nan Ying

I

Nokdundo was well known as an area of General Lee Soon-Shin's victory against the Yeojin invader in the late 16th Century. However, these days no historical monuments remain, only rolling sand hills and wet swamps.

The geographical location and features of Nokdundo in many historical records show various descriptions such as being a single island away from the coast line, or an island in mid-river, and a delta area beyond the mouth of a river as a built-up sediment. This was a result of total confusion in the description of the area over history due to the lack of field work and information.

Nokdundo was an important area for both agricultural cultivation and strategic defense against the northern invaders who crossed the lower flat area of the river over history. Especially, lower river delta region had easily developed as a major core agricultural area that was large enough for supplying various cereals for local residents and the garrison army stationed in the surrounding area.

However, due to the marginal location of Nokdundo along the international boundary, there had always been a political instability. In the 16th century, the central government could not maintain a garrison hold over the area because of repeated attacks by Yeojin. After the retreat of the garrison, this area remained a vacant wasteland and an isolated area for a long time. In spite of the instability of the area, there always were a number of families of agricultural workers settled there.

In 1860 after the signing of the Beijing Agreement between China and Russia, most of the area of Nokdundo became Russian territory. Nevertheless, the Joseon dynasty had claimed its sovereignty over Nokdundo to China and Russia, but nothing had come about.

After 1945 we don't have any information on the boundary and territorial issues between North Korea and Russia. However, this historical territorial problem of Nokdundo between two nations remains as an unresolved matter.

II

Nokdundo is an area located at the mouth of Tuman River and covers part of the delta. The channel of Tuman has formed in relation to climatic changes including changing sea level, intense sedimentation, and erosion through river and sea water.

The sea level was -80m in the early Holocene period and it steadily rose to between 2.5m to 3.0m higher than the level of these days. From then it had conversantly fluctuated and became lower to the level of today.

In the Nokdundo lagoons and swamps, sand dunes and coastal bars are formed. Many different types of wetland plants grow there such as sedge, reed, ling, and gramineous weed.

There are remaining traces of three to four river mouths and about 7 old river channels in the Tuman delta or coastal plain. The name of this place, Nokdundo, especially in relation to the Korean meaning of "Do", is related to the morphological formation of watercourses in the Tuman River.

There were times when the river of Tuman flowed out through at least 2 channels or watercourses. Because of the dividing of the channels of this area, a part of the delta (coastal plain) became an island or looked like an island.

After these periods, the river channels became concentrated into one watercourse, a main channel caused by changes of the hydrologic system such as river discharges and erosional and depositional processes. As a result, one watercourse dried up and Nokdundo lost the geographical character of an island. But this area, Nokdundo, is still called an island according to the meaning of the Korean name.

From historical literatures and maps, it could be estimated that there were at least two channel systems in the Tuman River.

According to the brief description and map about Nokdundo in some encyclopedias, the one side of the island would be connected to Russian territory in the 19th century. But our study and investigation shows that the above mentioned Nokdundo in the encyclopedia was not the same area. Furthermore, the boundaries of the island was described in historical documents to be of Joseon Dynasty.

It is also not realistic that Nokdundo, coastal plain or delta in the Tuman River mouth was built during the time from the 10th to 18th century.

III

There is a major town, Hasan, which developed as the first settlement along the boundary in 1874. In the early period, Hasan was a part of Posiet district and was known as Nargornay with a population of 150 with about 25 households.

These days, most of Khasan and the site of lower Tuman River area belongs to Russia controlled territory. Thus, Hasan became a major military town at the crossing point of three international boundaries and visits became restricted to those who were without permission. Also the old village of Hasan was known as the gate town to Nokdundo. Recently there are regular railway services between North Korea and Hasan, but the economic trade and personal commuting are very limited. A few business shops are located near the railway station and most of complex buildings are all related to military function. Except for partial arable area surrounding the town, extensive areas remain as underdeveloped.

IV

Landuse survey and mapping of Nokdundo was one of the main works to understand the current and old spatial pattern of the delta area which once developed as a cultivated area and a front barrier along the river boundary. In order to estimate and predict future potential development of land based on the analysis of land use pattern, we adopted an analysis of field work and classification method of the Landsat satellite and Quick Bird images. Especially, we mainly relied on satellite images in areas where we could not cover through field work in such places as the military zones.

Even though it has been almost 80 years since local settlers in Nokdundo have evacuated to other parts of Russia in 1930s, there still remains a lot of old rural housing sites and various belongings including large scale paddy fields and ridges in dry fields remain. According to image classification (Landsat 7, 2001), three main land-use, water surface (42%), grassy area (26%) and grass & swamp area (19%) cover most of the region. However, general landscape of the area comprises of bare land, swamps, sand ridges and dunes with the cover of grass and small pasture. However, there is high potential for land development including new settlements, arable land, tourism industry, and maritime affairs along the long coastal lines.

It was not satisfactory to identify old landscape and general structure of Nokdundo through short field trips, satellite image analysis, and Russian documents. In this research, we have observed general patterns of Nokdundo including the tentative location of the early garrison barrier in the center, old rice patties and dry ridges between the lower sand dunes. Nevertheless, it was difficult to form a clear geographical picture of the whole of the area.

저자소개

이기석(李琦錫)
서울대학교 사범대학 지리과 졸업
서울대학교 교육대학원(석사)
미국 미네소타대학교(석사 및 박사)
현 서울대학교 명예교수
　대한민국학술원 회원

이옥희(李玉熙)
이화여자대학교 사회생활과 졸업
이화여자대학교 대학원(석사 및 박사)
미국 캘리포니아주립버클리대학교 지리학과 객원연구원
국토연구원 연구원
이화여자대학교 대우교수
현 북한대학원대학교 초빙교수

최한성(崔漢成)
서울대학교 사범대학 지리교육과 졸업
서울대학교 대학원(석사)
독일 뷔르츠부르크대학교(박사)
서울대학교 지역종합연구원/교육종합연구원 특별연구원
현 대덕대학 전임강사

안재섭(安才燮)
동국대학교 지리교육과 졸업
서울대학교 대학원(석사 및 박사)
중국 북경대학교 지리과 객원연구원
미국 테네시주립대학교 객원교수
현 동국대학교 교수

남영(南穎)
중국 동북사범대 지리과 졸업
중국 연변대학 경제학과(석사)
서울대학교 대학원(박사)
미국 미네소타대학교 객원교수
현 중국 연변대학 교수